알고 나면 심각해지는
생활속의 과학

알고 나면 심각해지는

생활속의 과학

생활 속의 지혜 뒤에는 과학이 숨어 있다

정진배 지음

생활 속에서 무수히 많은 일들이 일어나고 있지만
대부분의 사람들은 '왜'라는 질문 없이 무비판적으로 받아들인다

"원래부터 그런 것이란 없다"

좋은땅

30년동안 기업체에서 일하고 있고 그중 18년은 반도체 및 디스플레이 소재산업에 종사했다. 《하마터면 열심히 살 뻔했다》라는 책을 너무 늦게 읽은 덕분에 일을 취미 삼아 열심히 일했다. 연구개발, 품질관리, 생산관리, 공장건설 등 남들이 별로 재미 있다고 생각하지 않는 일을 열심히 한 덕분에 회사도 나도 성장했지만 회사가 성장할수록 일은 더 많아졌고 일 속에서만 내가 있었다.

산책을 좋아하는데 자연으로 발걸음을 한걸음씩 내딛다 보면 골치 아픈 문제의 실마리가 풀릴 때도 있었고 문제를 해결할 수 없어도-실제 대부분의 문제가 산책으로 풀리지는 않는다-일과 사람들 속에서 쌓인 스트레스가 해소되기도 했다. 나이가 들어 삶의 무게와 중압감이 커질수록 산책과 사색은 하루 일과 중 가장 소중한 시간이 되었고 이슈거리에 논리적 해답을 찾아 가는 소소한 재미를 느끼곤 했다.

연구원들과 산책하면서 미세먼지의 발생 원인에 대해 말해 보라고 했더니 대답은 접어 둔 채 그걸 왜 알아야 하고 대답해야 하는지 반문의 눈빛을 보내거나 엉뚱한 소리를 하는 경우가 많았다. "이놈들아 생각 좀 하고 살아", "연구개발이라는 게 사물과 대화하는 거야", "현상을 잘 관찰하고 그 이유를 설명해 내는 것이 과학이고 연구개발이야" 지금 생각해 보면 연구원들이 속으로 "휠~"이라고 했을 것 같다. 편할 리 없는 대표이사와 점심 식사 자리에서 격려도 아니고 뜬금없는 질문으로 머리를 아프게 하는 것도 모자라 잔소리까지, 그리 훌륭한 CEO는 아니었던 것 같다. 한편으론 유수의 대학교에서 석사 학위나 박사 학위를 취득한 화학관련 전문가들이지만 본인의 일과 직접 관련이 없는 분야에 관심을 갖는 사람이 드물다는 사실도 깨닫는 과정이었다.

생활 속에서 무수히 많은 일들이 일어나고 있지만 대부분의 사람들은 '왜'라는 질문 없이 무비판적으로 받아들인다. 원래부터 그런 것이란 없다.

'연꽃잎에 맺힌 물방울은 또르르 굴러 떨어진다', '곤충들은 거미줄에 걸려 꼼짝 못하지만 거미는 거미줄로 잘만 이동한다', '여름철 개는 혀를 내민 채 숨을 헐떡거린다', '꼿꼿하게 잘 자라는 메타세쿼이아 나뭇잎은 활엽수와 침엽수 두 가지 특징을 모두 가지고 있다'

회사 업무와 사람에 치일 때마다 생활 속에 등장하는 이슈나 문젯

거리에 대해 책을 쓰고 싶다고 생각하곤 했는데 게으른 데다 회사 일이라는 굴레에 얽매여 살다 보니 매너리즘이 더해져 감히 엄두를 내지 못하고 있었다. 그러다 어느 날 갑자기 백수가 되었고 다시 일을 시작하기 전, 6개월 동안 의미 있게 시간을 보내야 한다는 강박관념으로 책을 쓰기 시작했다. 그러나 막상 쓰고 나니 마음에 들지 않아 수정에 수정을 거듭하다 책 쓰기를 그만두고 컴퓨터 속 미련으로 남겨 두다 어느 날 문득 다시 꺼내어 이 책을 완성하게 되었다.

본문에는 전문용어를 풀어쓰려고 했지만 능력의 한계로 많은 전문용어가 출현하고 일반인뿐만 아니라 전기, 기계를 전공한 사람조차 싫어하는 화학 구조와 화학명이 다수 등장한다. 어찌하다 보니 관련 분야의 사람들이 보면 용어가 부정확하고 내용의 비약이 많다고 느낄 수 있고 일반인에게는 다소 딱딱한 책이 되고 말았다. 너그러운 마음으로 이해해 주기 바란다. 중간 중간에 들어간 삽화는 그림을 전공하고 있는 딸이 그려 주었고 마지막 주제인 원자력과 에너지 문제는 김종윤 박사가 바쁜 시간을 쪼개어 작성해 주었다. 또한 윤 박사, 김 박사 등 여러 사람들이 원고를 교정하고 조언을 보태 주었다. 진심으로 감사드린다.

| 목차 |

전기 자동차는 내연 기관 자동차를
대체할 수 있을까?

전동차 속 사람들은 스마트폰을 한 손으로 움켜 쥔 채 또 다른 손의 손가락으로 튕기듯 화면을 쓸어 내고 있다. 게임을 하고, 메일도 보고, 길도 찾고, 음식점도 검색하고, 뉴스를 보고, 톡도 한다. 지하철 풍속도를 바꾸어 놓은 스마트폰의 핵심 기술 중 하나가 전기를 공급해 주는 이차전지이다. 이차전지란 충전하면 여러 번 다시 사용할 수 있는 전지이다. 큰 에너지가 필요치 않는 소형 전자제품에만 적용될 줄 알았던 이차전지는 무선 드릴, 무선 청소기를 넘어 엄청난 에너지가 필요한 자동차의 동력으로 사용되기 시작했다.

전기 자동차가 나타나기 훨씬 이전부터 배터리는 대한민국을 지탱하고 있는 조선, 석유화학, 자동차는 물론 한국의 자랑, 메모리 반도체를 뛰어넘는 미래 먹거리로 여겨져 왔다. LG화학, SDI, SK이노베이션 등은 오래진부터 대규모 연구개발 인력을 투입하여 차세대 배터리를 개발하기 시작했고 2020년 상반기, 코로나가 창궐하는 우울한 분위기 속에서 LG화학은 세계 1위의 자동차 배터리 기업이 되었다.

전기 자동차는 머지않은 장래에 100년 이상 시장을 지배해 온 내연기관을 물리칠 수 있을까? 별다른 의심 없이 받아들여지고 있는 전기 자동차의 위상은 배터리 용량만 생각하면 과연 그럴까 하는 의구심이 생긴다. 스마트폰에 익숙한 사람이라면 배터리에 대한 신뢰는 그다지 높지 않다. 쉽게 닳아 버리는 배터리가 조금만 더 버텨 줬으면 좋겠다는 바람은 사용자들 누구에게나 있다. 물론 손에서 떠날 틈도 없이 사용하니까 배터리가 빨리 소모되겠지만 1년쯤 지나면 배터리 용량이 줄어들어 외장 배터리 하나쯤은 액세서리가 되고 만다. 그나마 스마트폰 배터리는 수만 원이면 교체할 수도 있고 약정 후에 새 휴대폰으로 바꾸면 그만이지만 최소한 5년은 타야 하고-10년은 타야 한다고 주장하는 사람이 많을 수 있다- 전기 자동차 가격의 40% 정도나 차지하는 배터리가 2년에서 3년밖에 버티지 못한다면 보통 문제가 아니다.

이차전지는 양극과 음극, 전해질 및 분리막으로 구성된다. 분리막은 양극과 음극이 접촉하지 않게 하고 위기상황에서 전기의 흐름을 차단해 주는 안전 장치이다. 분리막 소재는 폴리에틸렌과 같은 고분자인데 분리막에 흠결이 생기면 이차전지의 화재로 이어질 수 있다. 양극은 방전과정에서 환원반응이, 음극은 산화반응이 일어난다. 산화는 자신이 산화되면서 전자를 내어 놓는 반응이고 환원은 전자를 받아들여 자신이 환원하는 반응이다. 즉 전자를 잃으면 산화, 전자를 얻으면 환원이다. 전해액은 이온이 헤엄쳐 갈수 있는 바다와 같은 역할을 한다. 예를 들면 리튬(Li) 이차전지는 $LiPF_6$와 같은 리튬이온이 EC(Ethylene Carbonate)라는 전해액을 헤엄쳐 오가면서 충방전이 되는 전지이다.

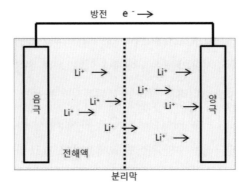

리튬 이차 전지의 기본 원리

그런데 이차전지라면 당연히 리튬 이차전지를 말하는데 Na, K, Ca, Mg 등 다른 금속들도 많은데 왜 하필 리튬이 이차전지에 사용되는 것일까? 중고등학교 때 각자 나름의 방식으로 주기율표를 외운 기억이 있다. '히헤리베붕탄노플네나마알시인황염아르칼슘…, H, He, Li, Be, B, C, N, O F, Ne, Na, Mg, Al, Si, P, S, Cl, Ar, K, Ca…' 주기율표는 원자번호에 따른 원소의 특징을 정리해 놓은 표이다. 원소를 원자 번호에 따라 왼편에서 오른편으로 배열하고, 비슷한 성실의 원소는 위아래(같은 족)에 배열해 놓아 위쪽에서 아래쪽으로 갈수록 원자의 크기는 증가한다. 원자번호 3번인 리튬은 주기율표에서 수소와 헬륨 다음 나타나는 가장 작은 금속이다. 리튬은 충방전 과정에서 양극과 음극의 방을 들어왔다 나갔다 하는데 방에 들어갈 수 있는 리튬의 숫자가 전지의 용량이 된다. 따라서 전지용량을 키우려면 양극과 음극의 방을 키우던가 금속의 크기를 작게 해야 한다. 그런데 무작정 방을 키우면 배터리가 크고 무거워져 휴대하기 힘들고 자동차 연비도 나빠진다. 간단하다. 이차전지에 리튬이 사용되는 것은 가장 작아서 단위 부피당 전지 용량을 최대로 할 수 있는 금속이기 때문이다.

리튬 이차전지의 양극물질은 철과 인산으로 이루어진 LFP($LiFePO_4$), 코발트 산화물로 이루어진 LCO($LiCoO_2$)를 비롯 니켈(Ni), 코발트(Co), 망간(Mn) 산화물로 구성된 NCM과 니켈, 코발트, 알루미늄(Al) 산화물로 구성된 NCA 등으로 나누어진다. 주로 중국 자동차 회사들이 사용하고 있는 LFP는 안정성이 뛰어나지만 전기 전도성이 나쁘고 전지 용량이 작아 부피가 크고 순간 출력이 좋지 못하다. 반면 테슬라가 채택하고 있는 NCA, 한국 및 유럽 자동차 회사들이 애용하는 NCM 양극재는 전지용량이 크고 출력 특성이 좋다.

NCA, NCM 양극재가 전기자동차 배터리의 대세가 되었지만 아직 단위부피당 전지용량이 만족할 만한 수준은 아니다. 단위부피당 전지용량 높이기 위해서는 니켈 함량이 높은 양극재를 사용해야 한다. 니켈은 코발트나 망간보다 리튬을 더 많이 받아들이기 때문에 니켈 함량이 높을수록 배터리 용량도 증가한다. 하지만 니켈 함량이 높아지면 양극재가 불안정해지므로 양극재를 안정화시킬 별도의 방안이 요구된다. 비교적 안정한 양극재인 NCA의 니켈 함량은 이미 80%를 넘었고 NCM의 Ni/Co/Mn비도 111,523에서 622과 811로 변화되고 있다. NCM의 한계를 뛰어넘기 위해 NCM과 NCA를 결합한 니켈 90% 이상, 코발트 5% 이하인 NCMA도 머지않아 상용화될 것으로 보인다. 참고로 전기 자동차의 신화, 테슬라는 7,000개가 넘는 원통형 NCA 전지를 엮어 전기 자동차를 만들었다. 음극 소재는 주로 흑연이 사용된다. 흑연보다 에너지 밀도가 높은 실리콘(Si) 음극재는 리튬을 저장하고 빼내는 과정에서 부피 팽창이 심해 단독으로 사용되지 못하고 흑연에 소량 첨가되어 사용된다.

충방전을 반복하면 전지 용량은 조금씩 줄어드는데 1) 양극재와 음극재의 내부 구조가 붕괴되고 2) 전극 표면에 리튬이 쌓여 활성 리튬 이온의 개수가 감소하고 3) 부반응에 의해 전해질이 소모, 변질되는 등 리튬이온의 흐름을 방해하는 요인들이 증가하기 때문이다. 양극재에 지르코늄(Zr) 같은 금속을 첨가하거나 양극과 음극에 피막을 형성하는 방법이 도입되고 있으나 속도를 늦출 뿐 사용에 따른 용량 감소를 완전히 막지는 못한다. 일반적으로 500회 이상 충방전을 반복하면 배터리 용량은 80% 내외로 줄어든다.

배터리 수명은 소재나 구조에 따른 자체 성능에 달려 있지만 충전하는 시기에 따라 달라지기도 한다. 배터리를 사용하는 동안 리튬이온은 양극재 격자 속으로 들어가 안정화되는데 완전 방전될 때까지 사용하면 격자는 리튬이온으로 가득 차 스트레스를 받게 된다. 이러한 과정이 반복되면 격자의 약한 곳은 무너져 내리고 더 이상 리튬을 받아들일 수 없게 된다. 그래서 잔량이 남아 있을 때 충전하면 배터리를 오래 쓸 수 있다.

스마트폰이 꺼지면 잠시 사용을 멈추고 충전하면 그만이지만 움직이는 자동차라면 이야기는 완전히 달라진다. 자동차에 연료가 얼마만큼 남아 있을 때 주유소에 갈까? 주행 가능거리가 100㎞나 남았을 때 주유하는 소심한 사람이 아니더라도 50㎞ 이하 경고등이 들어오면 강심장도 주유소를 찾는다. 전기자동차도 완전 방전되면 도로 한가운데서 오도가도 못하는 신세가 되므로 배터리가 남아 있을 때 충전하는 게 당연하다. 따라서 전기자동차는 스마트폰보다 상대적으로 긴 수명을 갖는다.

복합연비 기준, 1회 충전 주행거리가 450㎞라면 당대 최고의 전기자동차이다. 1회 주유로 600㎞에서 800㎞를 주행하는 내연기관 자동차의 56%에서 75% 수준이다. 약간의 차이라고 생각하겠지만 아래 상황을 고려하면 좀 심각해진다. 첫째, 배터리는 차가울수록 리튬 이동이 제한되어 용량이 줄어드는데 전기로 실내난방을 해야 하는 겨울철 주행 거리는 평상시보다 20% 정도 감소한다. 둘째, 10만㎞ 이상 타면 배터리 용량은 90%로 줄어든다. 셋째, 주행가능 거리가 50㎞ 이하면 재충전한다. 겨울철, 10만㎞ 이상 주행한 전기자동차는 450 x 0.8 x 0.9-50=274㎞를 운행한 뒤 충전해야 한다. 서울 톨게이트에서 출발하면 267㎞ 거리에 있는 북대구 톨게이트에 아슬아슬하게 도착할 수 있다. 주행 가능거리가 더 짧은 전기 자동차라면 서울에서 대구까지 단번에 가는 것도 쉽지 않다.

전기 자동차의 또 다른 문제는 핵심소재인 코발트(Co)와 리튬의 가격이다. 2019년 전세계 자동차 판매량은 약 8,800만 대이며 전기 자동차는 2018년 대비 약 10% 성장하여 자동차 시장의 2.5%에 해당하는 220만대 가량 판매된 것으로 추정하고 있다. BNEF(블룸버그 뉴 에너지 파이낸스)에 따르면 전기 자동차 수요는 2025년 1,000만대, 2030년에는 2,800만대를 돌파할 거라고 한다. 즉, 2019년 대비 각각 4.5배, 12.7배 성장한다고 한다. 2016년 이후 전기 자동차 수요가 늘어나면서 코발트와 리튬의 가격은 크게 요동쳤다. 2018년 1Q 코발트 및 리튬의 가격은 2015년 대비 3배 이상 폭등했고 2019년에는 다시 폭락하여 2015년 가격을 조금 상회하는 선에서 안정화되었다. 2018년 가격 폭등이 중국의 보조금 정책 변경 전 가수요가 촉발했다면 2019년 가격 폭락은 가수요 중단과 호주, 콩고를 중심으로 한 리튬과 코발트 공급 확대가 영향을 미친 것으로 보인다.

전기 자동차 생산이 지금보다 10배 이상 성상한 뒤에도 코발트와 리튬 가격은 급등하지 않고 유지될 수 있을까? 코발트 비율이 낮은 양극재가 개발되고 코발트, 리튬 공급량도 꾸준히 증가하고 있지만 광산개발이 수요를 따라잡기는 역부족으로 보인다. 새로운 대안이 마련되지 않는 한 향후 코발트와 리튬 가격은 폭등한다고 보는 게 타당하다.

10년 후 전기 자동차는 시장 점유율 30%를 달성할 수 있을까? 미세먼지와 지구온난화 물질을 배출하지 않는 자동차는 전기차나 수소전기차뿐이다. 하지만, 정부의 보조금 정책과 소비자의 인식 변화가 전기자동차의 수요를 견인하고 있지만 세컨드 카(Second Car)가 아니라 시장을 주도하기 위해서는 부족한 성능과 불편함은 개선되어야 한다. 우선 450㎞ 정도인 1회 충전 주행거리는 최소 600㎞ 이상 되어야 한다. 둘째, 빨라도 30분인 충전 시간은 10분 이내로 단축되어야 한다. 주유시간 5분과 비교하면 30분은 짧은 시간이 아니다. 1회 충전 주행 거리가 짧고 충전 시간마저 길면 고속도로 휴게소는 충전하는 차로 넘쳐 나게 된다. 셋째, 폐 배터리를 재활용하여 금속가격을 안정화시켜야 한다. 코발트와 리튬이 전기자동차의 원가에 차지하는 비율은 수%에 불과하지만 금속가격이 10배 폭등하면 자동차 가격도

수십% 상승할 수밖에 없다

2020년 들어 배터리 기업들의 신기술 발표가 이어지고 있다. LG화학은 리튬이온 배터리보다 에너지 밀도가 1.5배 이상 높은 리튬황 배터리를 탑재한 태양 전지 비행기의 시험 비행에 성공했다고 한다. 전지 용량이 크고 값싼 황을 이용한 리튬전지가 실용화에 한 발짝 더 다가선 셈이다. 또한 삼성은 1회 충전 주행 가능거리가 800㎞인 전고체 배터리(기존의 액체 전해질이 아닌 고체 전해질 사용)를 공개했다. 상업생산 목표가 각각 2025년, 2027년이고 양산 과정이 순탄치 않겠지만 늦어도 2030년까지는 리튬이온 전지의 문제점들은 상당부분 해결될 것이라고 기대해 본다.

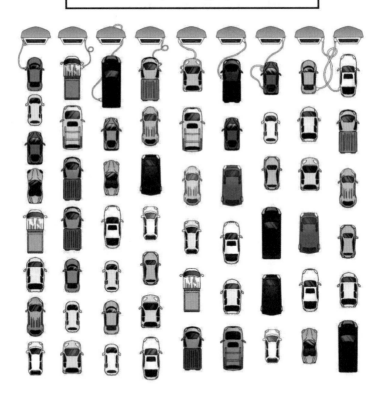

미세먼지의 주범은
석탄과 디젤 엔진 차량이다

　겨울철이 다가오면 가습기를 꺼내 방방마다 설치하고 아파트 난방
이 잘되는지도 점검한다. 그리고 스멀스멀 올라오는 걱정거리, 올 겨
울 미세먼지는 괜찮을까? 삼한사온을 삼한사미라고 부를 만큼 미세
먼지는 일상이 되었고 공기청정기는 냉장고나 세탁기만큼 필수 가전
제품이 되었다. '중국이 미세먼지의 주범이다', '우리나라 내부 문제부
터 해결해야 한다'라는 주장과 데이터가 충돌하고 있지만 미세먼지의
주범은 석탄과 디젤 엔진이라는 과학적 결론은 이미 오래전에 도출
되어 있다. 정부는 노후 경유 차의 운행을 제한하고 석탄 화력 발전소

가동률을 줄이는 미세먼지 저감정책을 펼치고 있지만 여전한 미세먼지에 정책의 효과가 의심스럽기만 하다. 최근 미세먼지가 심각해진 것은 오염원의 증가와 더불어 바람이 약해진 탓도 크다. 도시화와 지구 온난화의 영향으로 오염원이 흩어지지 못해 미세먼지도 악화되고 있다. 삶의 질을 떨어뜨리고 있는 미세먼지는 왜, 어떻게 생성되는 것일까?

미세먼지는 입자 크기에 따라 PM_{10}(미세먼지), $PM_{2.5}$(초미세먼지)로 구분된다. PM_{10}은 지름 10㎛ 이하, $PM_{2.5}$는 지름 2.5㎛ 이하의 먼지이다. 종이 한 장의 두께는 100~200㎛, 머리카락 굵기는 50~70㎛, 꽃가루는 40㎛ 정도이므로 초미세먼지가 어느 정도 크기인지 가늠할 수 있다. 미세먼지는 눈에 보이지 않을 만큼 매우 작기 때문에 호흡기를 거쳐 폐에 침투하거나 혈관을 따라 체내로 이동하여 질병을 일으키는 원인이 된다. 세계보건기구(WHO) 산하 국제암연구소(IARC)는 미세먼지를 1급 발암 물질로 분류했다. 미세먼지는 빛을 산란시켜 시야를 흐리게 하는데 먼지 입자가 커질수록 산란은 증가하고 빛의 파장보다 작으면 산란은 급격히 줄어든다. 공기 질은 나쁘다고 하는데 생각보다 뿌옇지 않다면 미세먼지보다 초미세먼지가 많기 때문이다. 입자가 작을수록 잘 걸러지지 않고 폐부 깊숙이 침투하므로 이런 날이 건강에는 더 좋지 않다.

환경부 홈페이지를 보면 미세먼지는 질산암모늄염과 황산암모늄염 58.3%, 탄소류와 검댕 16.8% 및 기타 성분으로 구성된다고 한다. 미세먼지의 대부분을 차지하는 질산암모늄과 황산암모늄부터 한번 살펴보자. 질산암모늄과 황산암모늄은 말 그대로 질산과 황산이 암모니아와 반응하여 생성된 염이다. 한 극단은 다른 극단을 만나 중간으로 수렴되거나 보다 안정한 상태로 변한다. 양전하(+)는 음전하(-)를, N극은 S극을, 산은 염기를 좋아한다. 강산인 질산과 황산은 염기인 암모니아를 만나면 쉽게 반응한다. 공기 중에는 화학약품 제조공정, 분뇨, 비료에서 방출된 암모니아가 수ppm 존재한다. 따라서 질산과 황산만 있으면 질산암모늄과 황산암모늄은 그냥 만들어진다.

그럼 공기 중의 질산암모늄과 황산암모늄은 왜 뿌옇게 보이는 걸까? 질산암모늄과 황산암모늄은 물에는 잘 녹지만 그 자체로는 흰색의 고체 결정이다. 질산암모늄과 황산암모늄 입자가 빛에 산란되어 뿌옇게 보이는 것이 미세먼지이다. 질산암모늄과 황산암모늄 염은 물에 잘 녹기 때문에 미세먼지는 비가 오면 사라진다. 그래서 미세먼지 저감방안으로 인공 강우가 시도되기도 했다. 그러나 비가 내리지 않는다는 것은 상대 습도가 낮은 경우가 많으므로 인공강우로 많은 비를 내리는 것은 현실성이 떨어진다.

미세먼지의 주성분인 질산암모늄과 황산암모늄의 화학반응을 추론해 보자. 먼저 질소와 황이 포함된 화학 물질이 산소와 반응해서 질소산화물(낙스, NOx), 황산화물(삭스, SOx)이 되고 물에 녹으면 질산과 황산이 된다. 다만, 낙스와 삭스는 N_2O, NO, NO_2, SO_2, SO_3 등 다양한 산화물의 총칭이고 물을 만나 질산과 황산이 되는 것은 NO_2, SO_3 이다. 따라서 산화수가 낮은 N_2O, NO, SO_2는 공기 중의 오존 또는 수산화 라디칼 등과 한 번 더 반응해야 질산과 황산이 된다. 참고로 오존이나 수산화 라디칼은 대기 중에 방출된 유기화합물이 자외선을 받아 만들어진다. 이렇게 만들어진 질산과 황산이 암모니아를 만나면 질산암모늄과 황산암모늄이 생성된다. 생각보다 화학이란 게 그렇게 어렵지 않다. 한 발짝 더 들어가 보자.

문제를 해결하기 위해서는 문제의 근원을 알아야 하듯 질소와 황이 포함된 물질을 알아야 미세먼지의 원인을 제거할 수 있다. 이미 석탄과 노후 경유 차가 미세먼지의 원흉이라고 했기 때문에 석탄과 석유에 있는 질소와 황이 낙스와 삭스의 원천일 것 같다. 반쯤은 맞고 반쯤은 틀린 말이다. 지각 원소의 영향을 받은 석유와 석탄에는 수%의 질소와 황이 들어 있다. 석유는 끓는점에 따라 LPG, 휘발유, 등유, 경유, 중유 등으로 분리되고 휘발유와 자동차용 경유는 다시 질소와 황 성분을 제거하는 탈황공정(탈질소 공정)을 거친다. 반면 고체인 석탄은 별도의 분리공정이나 반응공정 없이 그대로 사용된다. 그래서 질소와 황 성분이 제거된 휘발유와 경유가 낙스와 삭스의 원인이라고 한다면 누명을 뒤집어 쓴 두 연료는 억울할 수 있다. 반면 질소와 황 성분이 포함된 석탄, 선박용 경유, 중유를 연소하면 낙스와 삭스는 발생될 수 밖에 없다. 석탄 보일러나 석탄 발전소가 많은 중국, 석탄 발전소가 많은 서해안, 중유 보일러가 많은 공단, 유연탄을 사용하는 제철소, 대형 컨테이너선이 쉴 새 없이 드나드는 항만이 미세먼지로부터 자유로울 수는 없다. 다행스럽게도 2020년부터 선박용 경유의 황 함량 규제치는 기존 3.5%에서 0.5%로 대폭 강화되었다.

그런데 이상하다. 질소와 황이 제거된 경유가 사용되는 디젤 차량, 특히 노후 디젤 차를 미세먼지의 주범으로 지목하고 줄여 나가겠다고 한다. 낙스, 삭스는 질소와 황 성분을 포함하고 있는 물질과 산소가 반응하여 생긴 질소 산화물, 황산화물이다. 디젤 엔진에 공급되는 물질은 경유와 공기 둘 밖에 없고 경유에 질소와 황이 없다면 공기에 있어야 한다. 이것이 에너지 보존 법칙과 함께 진리라고 여겨지는 물질 보존의 법칙이다. 중세시대 연금술사가 철이나 납으로 금을 만들려고 했지만 그런 일은 절대 일어나지 않는다. 핵분열과 핵융합을 거치면 원래 원소가 다른 원소로 전환될 수 있지만 일반 화학반응에서 원소는 다른 형태로 전환될 뿐, 그 원소 자체가 사라지지는 않는다.

인간 생존에 꼭 필요한 공기는 78%의 질소와 21%의 산소로 구성되어 있다. 호흡으로 들이마신 산소는 헤모글로빈과 결합하고 장작을 태울 때도 산소가 반응에 참여한다. 질소는 있는 둥 마는 둥 반응에 잘 참여하지 않는 원소이다. 앞 문장에서 '잘'이라고 애매하게 표현했는데 자연과학이나 사회과학에서 '전부', '항상' 등 예외를 인정하지 않는 주장은 틀릴 때가 많다. 뿌리혹 박테리아는 질소를 암모니아로 전환시켜 콩의 생육을 돕고 농업 혁명을 가져온 하버의 암모니아 제법도 질소에서 출발한다. 어쨌든 공기에 황은 없지만 질소가 있어 다행이다. 디젤 엔진과 공기 중 질소로 낙스의 생성 원인을 설명할 수 있다.

　디젤 엔진에서 배출되는 낙스의 원천은 공기 그 자체이다. 즉 공기 중 질소와 산소가 반응하여 낙스가 되는 것이다. 그런데 어떻게 잘 반응하지 않는 질소가 낙스로 되는 것일까? 디젤 엔진의 작동 원리에 그 비밀이 숨겨져 있다. 디젤 엔진은 경유와 공기를 고온, 고압-디젤 엔진의 압축 온도와 압력은 가솔린 엔진의 약 4배-으로 압축하여 자연 발화된 폭발력으로 동력을 얻는다. 기체는 높은 압력에서 분자 수를 줄여 압력을 낮추는 방향으로 반응이 진행된다. 질소(N_2) 1몰이 산소(O_2) 2몰과 반응하여 2몰의 이산화질소(NO_2)가 생성되는 반응을 예로 들면 3몰이 없어져 2몰이 생성되므로 분자는 1몰만큼 줄어들어 계의 압력은 떨어진다. 자연계의 모든 현상은 극단을 해소하는 방향으로 진행된다는 사실을 다시 한번 상기하자. 즉, 디젤 엔진의 높은 온도와 압력이 낙스를 만드는 일등 공신인 셈이다. 디젤 엔진은 힘이 좋아 배기량이 큰 화물트럭, 기차, 대형 선박에 주로 사용되고 있어 미세먼지에 미치는 영향은 그만큼 더 클 수밖에 없다.

　휘발유 차량이 배출하는 오염물질은 일산화탄소(CO) 하나인 반면 디젤 엔진 차량은 연소 과정에서 탄화수소, 일산화탄소, 질소산화물, 검댕 등 다양한 오염물질을 배출한다. 물론, 휘발유 차량도 질소산화물, 검댕 등을 배출한다. 다만 적게 배출할 뿐이다. 따라서 휘발유 차량의 유해물질 저감장치는 산화촉매 중 하나인 반면 디젤 차량은 산화 촉매, SCR(Selective Catalytic Reduction), 배출가스 재순환장치(EGR, Exhaust Gas Recirculation), 매연 저감장치(DPF, Diesel Particulate Filter) 등 4가지나 된다. 2010년 이후 배출가스 규제가 강화되면서 유해물질 저감장치는 디젤 차량의 기본 사양이 되었고 대표적 저감장치인 SCR은 요소수를 사용하여 낙스를 질소로 환원시키는 장치이다. EGR은 불연성 이산화탄소가 포함된 배기가스를 엔진으로 재순환시켜 낙스 생성을 억제하는 장치이다. 디젤 엔진의 작동 원리인 고온, 고압이 낙스를 생성시키는 원인이란 점을 다시 한번 상기하자. 그렇지만 배기가스를 재순환시키는 EGR이 작동하면 엔진 온도가 낮아져 연비와 출력을 까먹는다는 점에서 디젤 게이트는 언제든 일어날 수 있는 달콤한 유혹이었다. DPF는 디젤 엔진에서 배출되는 탄화 찌꺼기를 필터로 포집한 뒤 고온으로 태워 없애는 장치이다.

국립환경연구원에 따르면 저감장치가 장착된 2016년식 디젤 자동차는 도로 주행 시험에서 동급의 가솔린 차보다 10배 많은 낙스를 배출한다고 한다. 그렇다면 저감장치가 부착되지 않은 노후 디젤 차의 낙스 배출량은 어느 정도일까? 상상에 맡긴다. 우리나라 자동차 등록 대 수는 2005년 휘발유 차 780만대, 경유 차 560만대였지만 2018년 휘발유 차 1,060만대, 경유 차 990만대가 되었다. 휘발유 차가 약 280만대 늘어나는 동안 경유 차는 환경개선 부담금 면제, 수도권 공용주차료 감면, 혼잡 통행료 감면 등의 클린 디젤 보급 정책에 힘입어(?) 430만대나 증가했다. 디젤 차의 연비가 가솔린 차보다 뛰어나 온실가스인 이산화탄소(CO_2)를 더 적게 배출한다는 단면만 바라보고 정책을 집행한 결과이다.

미세먼지의 두번째 성분인 탄소류 및 검댕은 불완전 연소된 그을음이나 연소 찌꺼기이기 때문에 역시 석탄 발전소, 제철소, 석탄 및 중유 보일러, 디젤 차량과 밀접한 관련이 있다. 석탄, 중유에는 연소 찌꺼기가 많고 디젤 엔진도 매연으로 대표되는 검댕을 많이 배출한다. 신호등에서 대기하던 노후 경유 차가 남긴 시커먼 매연, 소음의 데시벨만큼이나 짜증스러운 중장비의 검은 연기, 뱃고동 소리와 함께 아득히 퍼지는 검버섯, 모두 검댕의 주범들이다.

도로 근처 아파트에 살다 보면 청소할 때마다 시커멓게 묻어 나오는 먼지의 존재를 확인하게 된다. 이 시커먼 먼지는 자동차에서 배출되는 검댕과 타이어 마모가루, 브레이크 패드, 도로 마모가루이다. 타이어의 주성분은 고무이지만 자외선에 의해 타이어가 손상되는 것을 막기 위해 숯가루(Carbon Black) 수십%가 첨가되어 있다. 우리나라 자동차 등록 대 수는 2020년 기준, 약 2,400만대이다. 1년에 평균 1.3만km 주행하고 5만km를 탄 후 타이어 4개를 전부 교체한다면 1년에 약 2,300만 개의 타이어가 교체된다. 새 타이어와 마모된 타이어의 무게 차이($\triangle$w)와 2,300만을 곱한 값이 1년동안 마모된 타이어 찌꺼기이며 도로 바닥이나 공기 중 어딘가 돌아다니고 있다. 가솔린 차량에서 배출되는 낙스, 검댕은 디젤 차량에 비해 상대적으로 적지만 타이어, 브레이크 패드, 도로 마모가루에 기여하는 바는 디젤 차량과 다를 바 없다.

　인류 문명은 문제를 만들고 해결하고 또 다시 만드는 과정을 반복하며 발전해 왔다. 미세먼지는 근대 문명이 초래한 대표적 골치 거리이다. 우리나라에서 느끼는 미세먼지도 심각하지만 급격한 산업화, 도시화가 진행되고 있는 중국과 인도의 미세먼지는 상상 그 이상이다. 눈이 따갑고 숨이 턱턱 막히는 두 나라의 미세먼지는 지금까지 겪어 보지 못했던 문명의 고통을 안겨 주고 있다. 쉽사리 해결되지 않을 것 같았던 중국의 미세먼지는 석탄 난방을 중지하고 도시 바깥으로 공장을 강제 이전하는 강력한 조치를 취하면서 조금씩 나아지고 있다. 최근 미세먼지 개선 목소리를 높이고 있는 인도도 결국 대책을 찾을 것이다. 한계에 도달해야만 대책을 강구하는 것이 인간이다. 해결 방법을 몰라서 해결하지 않는 게 아니다.

　코로나가 창궐한 2020년 봄, 인간들은 스스로를 집에 고립시켜 자동차 대신 야생 동물들이 한가로이 도로를 노닐고 있었다. 그런데 놀라운 일이 일어났다. 인도북부 잘란다르 지역에서 약 200㎞ 떨어진

히말라야 산맥이 갑자기 보이기 시작했다. 그간 뿌연 먼지에 가로막혀 있던 히말라야 설경을 다시 보는 건 30년 만이라고 한다. 문명의 편리함이나 풍족함에 도취되어 잊고 있었던 아름다운 자연의 모습을 100년에 한번 발생할까 말까 하는 전염병 상황이 아니라 평상시에도 볼 수 있으면 얼마나 좋을까!

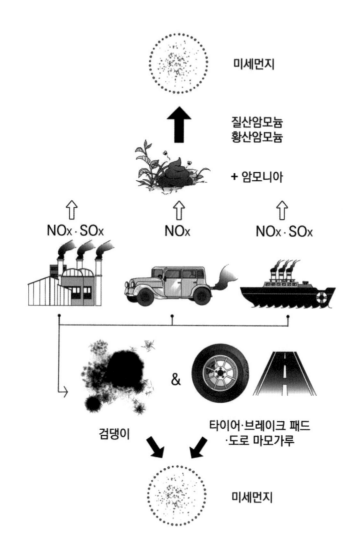

미세먼지

질산암모늄
황산암모늄

+ 암모니아

NOx·SOx　　　NOx　　　NOx·SOx

검댕이　　　타이어·브레이크 패드
　　　　　·도로 마모가루

미세먼지

편한 플라스틱, 바다와 내 몸을
망치고 있다

플라스틱 없이 살아갈 수 있을까? 한번 시도해 보면 쉽지 않다는 것을 금방 느낀다. 플라스틱은 이미 생활 곳곳에서 우리를 지배하고 있다. 우리는 아침에 일어나서 잘 때까지 플라스틱이 포함된 제품을 얼마나 자주 만나고 있는 것일까? 일어나서 화장실에 가는 순간 전원 스위치, 비데, 치약통, 칫솔, 칫솔 걸이, 비눗갑, 샴푸통, 헤어 드라이어가 거실에는 창문, 냉장고, 전기밥솥, 비닐랩, 1회용 장갑, 프라이팬 코팅, 매트, 장난감, TV, 옷, 구두 바닥, 구두 주걱이 출근길에 자동차 내외장재, 신호등, 회사에는 네임태그, 컴퓨터, 프린트, 스피커, 이어폰, 서류 파일, 볼펜, 생수병, 커피 머신, 청소 도구함, 공장에는 바닥재, 전선 피복, 드럼통, 포장백, 파이프 라인, 물놀이 갈 때 아이스박스, 튜브, 공기 주입기, 노끈, 테이프, 과자 봉지가 농어촌에서 본 비닐하우스, 검은 멀칭 필름, 사과 박스, 스티로폼 어구, 로프, 어망 등, 플라스틱이 사용되지 않은 물건을 찾는 게 훨씬 더 쉬울 것 같다.

목재, 금속, 세라믹을 활용한 역사는 수천 년 전으로 거슬러 올라가지만 플라스틱의 역사는 기껏해야 140년을 넘지 않는다. 1880년대 후반 니트로 셀룰로스가 사진 필름에 활용되기 시작하지만 우리 생활을 지배하고 있는 대부분의 플라스틱은 1930년부터 이후 30년 동안 개발된 것이다. 1930년대 폴리스타이렌(PS), 폴리아크릴수지(PMMA), 나일론, 멜라민 수지, 저밀도 폴리에틸렌(LDPE), 1940년대 에이비에스(ABS), 페트(PET), 1950년대는 고밀도 폴리에틸렌(HDPE), 폴리프로필렌(PP)이 개발되었다. 이후에도 1980대까지 특수 목적의 엔지니어링 플라스틱인 POM, PI, PBT, PPS, LCP 등이 개발되어 소재부품의 중요한 역할을 담당하고 있다. 하지만 엔지니어링 플라스틱은 그 중요성에 비해 사용량이 적고 일반인들에게는 잘 알려지지 않은 것들이 대부분이다. 2019년 일본 수출 규제 품목 중 하나가 불소화 폴리이미드(PI)인데 폴더폰의 터치면에 사용되는 소재이다. 결국 수입이 되었고 폴더폰도 정상적으로 출시되긴 했다. 2020년 출시된 폴더폰에는 플라스틱 소재 대신 유리가 사용되었다. 플라스틱은 계속 접으면 주름이 생기기 때문에 유리 소재로 바꾼 것이지만 일본의 무역규제도 재료 변경에 영향을 주었으리라 짐작된다.

1, 2차 세계대전을 거치면서 합성 기술의 진전은 석유를 원료로 한 석유화학 공업을 급속하게 발전시켰다. 미세먼지를 이야기하면서 석유를 정제하여 LPG, 휘발유, 등유, 경유, 중유 등을 얻는다고 했다. 석유화학공업의 원료는 **나프타**이며 탄소수가 5개에서 12개 사이이고 끓는점이 35~220℃ 사이의 혼합 물질로서 석유 정제과정에서 LPG와 등유 사이에서 뽑아낸다. 나프타를 분해하면, 석유화학의 출발점인 에틸렌, 프로필렌, 부타다이엔, BTX(벤젠, 톨루엔, 자일렌)가 생성된다. 참고로 석유화학의 꽃인 에틸렌과 프로필렌을 만드는 방법은 나프타 분해법 외에도 세일 가스의 에탄과 LPG의 프로판에서 제조하는 방법도 있다. 특히 세일 가스가 대규모로 생산되면서 에탄에서 출발한 에틸렌의 비중이 점점 높아지고 있다.

플라스틱의 정의는 분자량 1만 이상인 고분자를 말하지만 플라스틱의 분자량은 수십만 이상인 거대 분자인 경우가 많다. 물의 분자량이 18이고 석유화학의 꽃인 에틸렌은 28이므로 분자량이 20만인 고분자는 물분자로 치면 1만개 이상, 에틸렌 분자 7천개 이상이 연결된 상태이다. 고분자를 만드는 방법에는 에틸렌, 프로필렌, 스타이렌 모노머(SM)와 같이 이중결합을 가진 단량체를 연결하거나, 에틸렌글라이콜(EG)/PTA, PPG/MDI와 같이 한 분자에 두개의 관능기를 가진 서로 다른 단량체를 연결하는 두 가지 방법이 있다.

2018년 기준, 국내 에틸렌 생산량은 약 880만 톤/년이며 주용도는 LDPE/LLDPE/HDPE가 420만 톤, PVC가 158만 톤, PET의 원료가 되는 EG가 130만 톤이다. 프로필렌 생산량도 에틸렌과 비슷한 840만 톤/년이며 주용도는 PP 430만 톤을 비롯해 ABS의 원료가 되는 AN, 아크릴수지의 원료인 아크릴산(에스트), 폴리 우레탄의 원료인 PPG, PG 등이다. 부타다이엔의 생산량은 127만 톤/년이며 BR, SBR, NBR 등 각종 합성 고무 및 ABS 생산에 이용된다. BTX 중 벤젠은 SM(300만 톤/년)의 원료이며 SM은 ABS 수지(193만 톤/년), SBR에 사용된다. 파라 자일렌은 산화 공정으로 TPA(466만 톤/년)로, TPA는 다시 EG와 반응하여 PET(394만 톤)가 된다. 플라스틱의 종류가 너무 많고 영어의 약자로 명명되고 있어 알 것 같기도 하지만 머리에 속속 들어오지는 않는다. 정리하면 석유를 정제하면 나프타가 나오고 나프타를 열분해 해서 얻은 에틸렌, 프로필렌, 부타다이엔 등을 중합해서 플라스틱을 만든다. 시작이 석유라면 끝은 플라스틱이다. 그래서 플라스틱을 석유화학 공업의 핵심이라고 부른다.

　플라스틱의 어마어마한 생산량에 깜짝 놀라게 된다. PE, PP, PET, ABS, PVC와 같은 대표적인 플라스틱의 국내 생산량은 년간 수 백만 톤이다. 석유 화학제품은 적게는 30%, 많게는 70%까지 수출하고 나머지가 국내 산업용으로 사용된다. 국내 산업용도 TV, 냉장고, 세탁기 등의 부품으로 수출되는 양이 많기 때문에 마지막까지 국내에 남는 양은 훨씬 적다. 하지만 플라스틱이 국내에서 사용되느냐 해외로 수출되느냐는 별로 중요하지 않다. 우리가 살고 있는 지구는 하나로 연결되어 있고 어느 나라에서 사용되든 돌고 돌아 다시 돌아 온다. 국내 에틸렌 생산량은 전세계 생산량의 5.2% 정도 차지하므로 국내 생산량의 약 19배를 곱하면 전세계 플라스틱 생산량이 된다. 국내 플리스틱 생산량은 약 2,000만 톤/년, 전세계 플라스틱 생산량은 약 3.8억 톤/년이다. 입이 떡 벌어지는 규모이다.

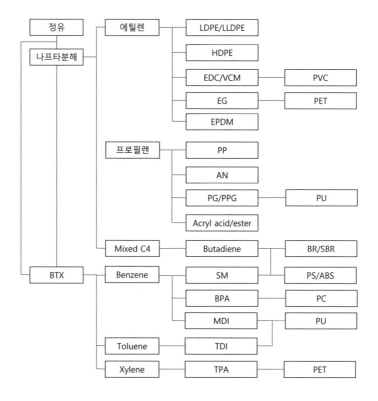

석유화학 계통도

생활을 편리하게 하는 플라스틱은 엄청난 사용량과 함께 분해되지 않는다는 문제점을 안고 있다. 자연계의 모든 물질은 순환 사이클을 가진다. 지구를 지배하는 인간도 알고 보면 O, C, H, Ca, P 같은 원소의 집합체이고 죽으면 다시 자연으로 돌아간다. 식물이 합성한 녹말을 동물이 에너지원으로 사용하고, 동물이 죽으면 미생물이 분해하여 다시 자연으로 돌려놓는다. 거대한 순환 사이클이다. 요즘 도심에 멧돼지가 출몰하는 일이 잦아 공포의 대상이 되고 있다. 산림이 풍성해져 멧돼지의 먹거리는 늘어난 반면 멧돼지를 잡아먹던 호랑이 같은 천적이 한국 땅에서 자취를 감추면서 그 개체수가 급속히 늘어났기 때문이다.

석유에서 나온 휘발유와 경유는 자신을 태워 물과 이산화탄소가 되고 자동차를 움직이는 동력을 제공한다. 석유에서 출발한 플라스틱도 마찬가지이다. 플라스틱이 자연의 순환 사이클에 포함되려면 결국 물과 이산화탄소로 분해되어야 한다.

천연 물질은 수년이 지나면 자연 분해되지만 인간이 만든 플라스틱은 분해되기까지 수백 년이 걸린다. 그래서 한번 버려진 플라스틱은 돌고 돌아 태평양 한가운데 거대한 플라스틱섬을 만들고 태풍이 할퀴고 간 해변가는 파도에 밀려온 플라스틱으로 뒤덮여 버린다. GPGP라는 말을 들어 보았는가? Great Pacific Garbage Patch! 한반도 면적의 7배가 넘는 쓰레기섬이 북태평양에 있다. 중국어와 일본어가 쓰여진 플라스틱이 모여 만들어진 거대한 쓰레기섬, 북태평양에만 있는 게 아니다. 인도양, 북대서양, 남대서양 남태평양에도 쓰레기섬이 있다. 2018년 11월 인도네시아 해안에서 죽은 고래의 뱃속에는 6kg의 플라스틱 쓰레기가 나왔고 플라스틱 컵 115개, 비닐봉지 25개, 샌들 2개가 나왔다. 고래뿐 아니라 바다 거북, 물개, 새들이 플라스틱 쓰레기에 걸려, 비닐봉지에 숨이 막혀, 플라스틱을 먹고 죽어 가고 있다.

고래 몸에서 물고기가 아니라 플라스틱이…

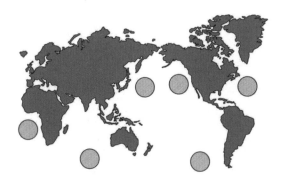

플라스틱 쓰레기 섬

대전 시내를 관통하는 갑천 상류에는 월평 습지가 있다. 강 주위에 갈대밭이 있고 크게 자란 나무가 그늘을 만들어 경치를 즐기며 산책하기 그만인 곳이다. 그런데 큰물이 지나고 나면 흡사 빨래를 널어놓은 것 같은 나뭇가지 위 비닐 조각이 지난번 홍수의 수위를 가늠해 준다. 어떻게 할 것인가? 국내 에틸렌 생산량은 880만 톤/년이라고 했는데 부족하다고 한다. 석유화학회사들이 수년 이내에 최소 100만 톤의 에틸렌 공장을 증설한다고 한다. 이윤을 추구하는 기업들이 이유 없이 공장을 증설하지는 않는다. 플라스틱 수요가 여전히 증가하고 있기 때문이다.

아파트마다 재활용 용품 분리 수거 일이 정해져 있다. 분리 수거하고 재활용하면 플라스틱 공해를 줄일 수 있지 않을까? 만만치 않다. 버려지는 플라스틱의 일부만 수거되고 있고 그것도 잘 분리 배출될 때만 재활용될 수 있다. 책상 위에 생수병과 과자봉지가 놓여 있다. 생수 병의 재질은 PET이고 병뚜껑은 HDPE이며 라벨은 PP이다. 과자봉지는 서로 다른 재질의 재료를 여러 겹 적층하여 만들어진 복합재료이다. 예를 들면 과자봉지는 PP/인쇄/PP-PE 블렌드/Al증착/PP로 구성된다. 플라스틱은 열을 가하면 다시 녹아 형태가 변하는 열가소성 수지와 한번 경화되면 열을 가해도 녹지 않는 열경화성 수지로 나뉘는데 생수병, 병뚜껑은 열가소성 수지이므로 분리 수거하면 재사용할 수 있지만 복합재료인 과자봉지는 수거되더라도 소각하는 방법밖에 없다. 즉, 타이어, 충격 흡수용 폴리우레탄, 기저귀의 고흡수성 수지 등 '가교된 수지'와 과자 봉지, 케첩병, 전자 레인지 조리용 포장재 등 '복합 포장재'는 분리 수거된다 하더라도 재활용할 수 없다. 여기서 가교 플라스틱이란 고분자 사슬과 사슬이 화학결합으로 서로 연결된 플라스틱으로 가교된 타이어는 모든 분자가 하나로 연결되어 있어 열을 가하면 연소될 뿐 녹지는 않는다.

또 다른 플라스틱 공해는 미세플라스틱이다. 미세플라스틱은 플랑크톤, 어류, 인간으로 이어지는 먹이사슬이나 마시는 물을 통해 인간에게 영향을 미치는 플라스틱 공해이다. 미세플라스틱의 원천은 크게 세 가지이다. 첫 번째는 플라스틱을 인위적으로 마이크론(μm) 크기로 만들어 화장품, 생활용품 및 산업용으로 사용되는 마이크로 비드이다. 마이크로 비드는 각질 제거제, 선크림, 치약, 샴푸 등 화장품 및 의약외품과 섬유유연제, 표백제, 탈취제 등 생활용품에 사용되었으나 생활용품을 제외한 화장품 및 의약외품에는 2017년부터 사용이 금지되었다. 두 번째는 옷을 세탁하는 과정에서 잘게 부서진 합성 섬유 조각이 하수도를 통해 강, 바다로 유입되는 경로이다. 세 번째는 버려진 플라스틱이 기계적인 힘이나 자외선에 의해 아주 잘게 쪼개진 미세조각이다. 세계자연기금(WWF)은 한 사람이 1주일간 섭취하는 미세플라스틱은 신용카드 한 장 무게인 5g에 달하고 물, 갑각류, 소금, 맥주 등을 주요 섭취 경로로 지목했다.

플라스틱 사용량을 줄이려는 노력은 조금씩이나마 구체화되고 있다. 마트를 가지 않는 간 큰 남자들은 잘 모르겠지만 마트를 갈 때 장바구니를 가져가지 않으면 낭패를 본다. 일정 규모의 마트에서는 추가 비용을 지불해도 비닐봉투를 판매하지 않기 때문에 쇼핑한 물품을 담을 방법이 막막하다. 물론 종량제 봉투에 담아 오는 방법이 있기는 하다. 또한 플라스틱 빨대 대신 종이 빨대를 사용하는 프랜차이즈가 늘어나고 있다. 일회용 플라스틱이 일부 제한되고 있지만 여전히 한 번 사용하고 버려지는 플라스틱은 많다. 농사 지을 때 밭고랑에 사이를 덮는 멀칭 필름(HDPE), 비닐하우스와 가정용 랩에 사용되는 투명 비닐(LLDPE, PVC), 빵봉지와 과자봉지(PP) 등은 한 번만 사용하고 버려지는 것들이다.

플라스틱 공해는 플라스틱의 사용량을 줄이고 버려지는 플라스틱을 철저히 관리하면 어렵지만 조금씩 해결해 갈 수 있다. 제조량에 비례하여 플라스틱 폐기물을 의무적으로 유상 수거하는 방안을 생각해 볼 수 있다. 자본주의 사회에서 자발적 문제 해결의 원동력은 돈과 부가가치이다. 소비자는 돈이 되는 플라스틱 쓰레기를 함부로 버리지 않고 제조회사들은 수거된 플라스틱의 처리 방법을 연구하게 될 것이다. 그 과정에서 플라스틱 가격이 조금 상승하면 지나치게 값이 싸서 쓰이지 않는 곳이 없는 플라스틱의 사용량이 줄어드는 일석이조의 효과를 거둘 수 있을 것 같다.

65인치, 77인치를 살까? QLED TV를 살까?
OLED TV를 살까?

LCD TV, LED TV, QLED TV는 광원이 다른 LCD TV이다

　TV라고 하면 흑백 브라운관(CRT)이 전부였던 시절이 있었다. 동네 부잣집에 흑백 TV 한 대가 들어오면 그 집은 동네 사랑방이 되었고 온 동네 사람들이 모여 연속극을 함께 보았다. 지금 생각해 보면 그 부잣집 주인장도 꽤 괜찮은 사람이었다. '응답하라 1976년' 이야기이다. 그러던 흑백 브라운관 TV는 1980년대 초 컬러 브라운관 TV를 거쳐 2000년대 초 LCD(Liquid Crystal Display) TV로 싹 바뀌었다. 거실 한 켠을 장악했던 덩치 큰 브라운관 TV는 사라지고 얇고 평평한 TV가 나타나나 싶더니 이제는 65인치 TV가 거실 벽면을 가득 채우고 있다. 브라운관 TV 이후 LCD TV도 잠깐, 어느 순간, LED TV, 이제는 QLED TV와 OLED TV가 마트 진열대를 메우고 있다. 일찌감치 CRT TV를 물리치고 PDP(Plasma Display Panel) TV마저 역사의 뒤안길로 보내 버린 LCD TV가 장기 집권을 꿈꾸었겠지만 이제는 QLED TV와 OLED TV가 시장 주도권을 놓고 한판 승부를 벌이고 있다. 국내 대표 가전사인 S사와 L사가 PDP TV와 LCD TV 둘 다 생산했던 평판 TV 1차 대전과 달리 S사는 QLED TV만, L사는 OLED TV만 생산하는 2차 대전에서는 상대편을 이겨야만 살 수 있는 진검 승부가 펼쳐지고 있다. 분명 장단점이 있겠지만 한쪽 진영의 논리가 부각된 장점과 단점은 일반인들에게는 와닿지 않는 어려운 정보일 뿐이다. LCD TV, QLED TV 및 OLED TV는 무엇이 어떻게 다른 것일까?

평판 디스플레이를 설명하기 전에 색을 인식하는 과정부터 알아보자. 가시광선(可視光線)이란 말 그대로 눈으로 볼 수 있는 빛이다. 가시광선은 적외선보다 짧고 자외선보다 파장이 긴 400㎚에서 700㎚ 사이의 전자기파이다. 무지개의 7가지 빛깔, 빨주노초파남보가 포함된 가시광선은 파장이 가장 긴 700㎚가 빨간색 계통이고 가장 짧은 400㎚쪽이 보라색 계통이다. 빛의 삼원색은 청, 녹, 적색이며 삼원색을 합치면 태양광처럼 백색광이 된다. 백색광(白色光), 흰색광? 이걸 왜 백색광이라고 하는지… 아무 색이 없는 무색광이라고 하는 게 맞는데!

나뭇잎이 녹색으로 보이는 것은 광원에 녹색이 있고 나뭇잎이 녹색 파장만 반사하고 나머지 색은 모두 흡수하기 때문이다. 일반적으로 색은 고정된 것이라고 생각하지만 색은 광원과 사물이 상호 작용하여 표현되며 광원이 바뀌면 색도 달라진다. 예를 들어 녹색이 빠진 광원을 나뭇잎에 비추면 모든 파장이 흡수되고 반사되는 빛은 없으므로 나뭇잎은 검은 색으로 보인다.

LCD TV는 광원(Backlight)-편광판-TFT-액정-컬러필터(Color Filter)-편광판으로 구성되어 있다. LCD의 원리는 사자가 그려진 투명 아크릴판에 빛을 비추면 스크린에 사자 그림이 나타나는 것과 비슷하다. 사자 그림의 색을 표현해 주는 것이 컬러필터이고 그림을 나타나게 제어하는 것이 TFT(Thin Film Transistor)와 액정이라고 보면 된다. TFT와 컬러필터는 수십 ㎛의 아주 작은 화소 수천만 개로 구성되는데 화소의 개수가 많아질수록 해상도는 좋아진다. LCD TV의 원리를 다시 한번 정리해 보자. 광원은 TV 화면 뒤에 있고 TV가 켜져 있는 동안 항상 켜져 있다. TFT는 전기 신호로 액정의 방향을 조절하여 컬러필터 화소에 도달되는 빛의 양을 제어한다. 하나의 화소는 청, 녹, 적색의 묶음이고 세가지 색을 통과한 빛이 모여 한 점의 색을 표현한다.

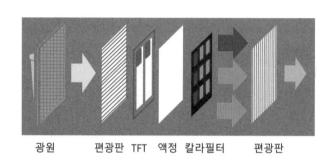

광원   편광판 TFT 액정 칼라필터   편광판

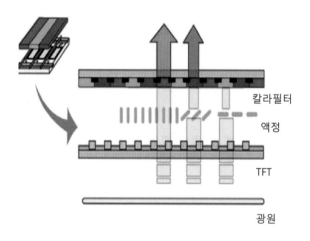

칼라필터

액정

TFT

광원

TFT-LCD의 구조

TFT-LCD 구조를 보면 수직으로 배열된 편광판 사이에 TFT, 액정과 컬러필터가 있다. 자연광은 360° 모든 방향으로 진동하는 전자기파이다. 편광판은 한쪽 방향으로 진동하는 빛만 통과시키고 나머지 빛은 반사하거나 흡수한다. 두 개의 편광판을 포갠 다음 한쪽 편광판을 360° 회전시켜 보면 사물은 점차 흐려져 안 보이게 되는데 앞쪽 편광판에서 걸러진 빛과 뒤쪽 편광판의 축이 같은 방향이면 사물이 보이고 직각이 되면 사물은 보이지 않는다. 그런데 액정을 통과한 빛은 90° 만큼 위상이 틀어지기 때문에 편광판을 수직으로 배열해야 빛이 통과된다.

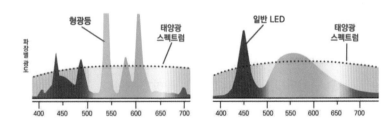

CCFL과 LED 광원

LCD는 스스로 빛을 내는 디스플레이가 아니기 때문에 광원을 눈여겨봐야 한다. 맨 처음 LCD의 광원은 CCFL(Cold Cathode Fluorescent Lamp)이었다. CCFL을 어렵게 생각하지 말고 형광등의 한 종류라고 생각하면 된다. 자연광의 파장은 가시광선 전 영역에 걸쳐 골고루 분포되어 있다면 CCFL의 파장은 군데군데가 비어 있을 뿐 아니라 파란색, 녹색은 강하지만 빨간색은 상대적으로 약하다. 그래서 파란색이 강한 형광등 빛은 감성적으로 차갑게 느껴진다. 그러다 CCFL 대신 조그마한 LED가 광원으로 사용되면서 TV 두께도 그만큼 더 얇아지게 되었다. LED를 광원으로 채택한 LCD TV는 LED라는 이름을 마케팅에 활용하기 위해 LED TV라고 명명되었지만 실제로는 광원이 LED인 LCD TV이다. LED 광원은 CCFL보다는 태양광에 가깝지만 여전히 태양광에 비해 불완전하다. 'LCD TV는 천연색을 완벽하게 표현하지 못한다'라는 말이 있다. 사실이다. 광원이 달라지면 색도 달라진다. CCFL와 LED 광원은 자연광의 주요 파장이 없거나 적어 색을 표현하는데 한계가 있다.

LCD TV는 CCFL과 LED광원의 문제점을 극복하기 위해 퀀텀닷(QD)에 주목했다. 퀀텀닷, LED 및 OLED를 설명할 때마다 등장하는 말이 양자역학이다. 양자역학을 가장 잘 표현한 말이 일반화학 시간에 배운 '원자 핵을 둘러 싸고 있는 전자는 에너지 준위가 다른 궤도에 확률적으로 분포한다'이다. 무슨 말이냐고? 마녀사냥처럼 위험하긴 하지만 양자 역학을 지지하는 현상은 너무나 많기 때문에 '그렇구나' 하고 받아들여도 무방하다. 20세기 가장 위대한 물리학자 아인슈타인마저도 '신은 주사위 놀음을 하지 않는다'라고 양자역학을 비판함으로써 양자역학을 이해하지 못했음을 자인했다.

퀀텀닷은 입자가 수십 나노(㎚) 이하로 작아지면 입자의 에너지 준위가 연속되지 않고 완전히 나누어지는 성질을 이용한다. 퀀텀닷 입자에 빛을 쪼이면 들어간 빛보다 장파장의 빛이 균일하게 나온다. 입자기 커질수록 방출되는 빛은 장파장으로 이동힌다. 예를 들이 퀀텀닷에 파란색을 조사하면 퀀텀닷 크기에 따라 녹색이나, 적색 빛을 얻을 수 있다. 다행스럽게 LED 광원에는 파란색이 강해 적절한 퀀텀닷을 사용하면 녹색과 적색을 보강할 수 있다. 한마디 더 보태면 LED 광원에서 파란색이 유독 강한 것은 LED백색광의 제조 원리에서 비롯된다. LED백색광은 청색 LED광원과 형광체로 추출된 노란색(혹은 녹색과 적색)을 섞어 백색광을 완성하기 때문에 청색이 강하다. 한마디로 표현하면 QLED TV는 LED 광원을 개선한 LCD TV이다. LED 광원에 퀀텀닷이 첨가된 필름을 붙이면 LED 광원에 녹색과 적색이 보완된 QLED 광원이 되는 것이다.

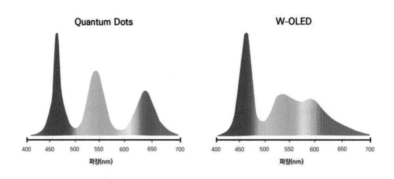

퀀텀닷 광원과 OLED

종합하면, LCD TV, LED TV 및 QLED TV는 광원이 각각 CCFL, LED, 'LED+QD필름'인 LCD TV이다. LCD TV라는 말을 계속 강조하는 것은 LCD TV의 근본적인 문제점을 지적하기 위해서다. 액정 배향으로 빛의 양을 제어하는 LCD 기술은 빛을 완전히 차단하기 힘들어 빛 샘 현상이 발생한다. 하얀색 바탕에 검은색 원 하나를 화면에 보여준다고 생각해 보자. 검은색은 빛이 통과하지 않기 때문에 검게 보이는데 검은색 원에 빛이 새어 들어오면 원은 온전한 검은색으로 보이지 않는다. 칠흑 같은 어둠 속에서 멀리 보이는 희미한 불빛을 잘 인식할 수 있듯 완벽한 검은색이 구현될 때 뚜렷한 화면을 볼 수 있다. 'LCD TV가 검은색을 제대로 구현할 수 없다'라는 주장은 액정의 빛 샘 현상에서 비롯된다.

청, 녹, 적색으로 된 세 개의 미세패턴을 하나의 화소라고 했는데 컬러필터는 수천만 개의 화소를 가지고 있다. 편광판을 거쳐 컬러필터에 도달한 빛은 한쪽 방향으로만 진동하는 빛이다. 빛은 입자를 만나면 산란되고 빛의 위상도 틀어진다. 컬러필터에서 빛의 위상이 틀어지면 편광판을 통과해야 할 빛은 막히고, 걸러져야 할 빛은 통과되어 화면은 흐릿해진다. 즉 TV 화면의 명암비가 나빠진다. 빛의 산란을 줄이기 위해서는 크기가 작은 안료를 사용해야 한다. LCD TV의 색 표현은 컬러필터가 광원의 어떤 색을 흡수하고 투과시키는지에 달려있다. 이론적으로 순순한 청, 녹, 적색인 안료로 컬러필터를 만들면 완벽한 색을 구현할 수 있다. 그러나 색 농도가 높은 안료는 미세화가 힘들어 그대로 컬러필터에 사용되면 명암비가 나빠진다. Oh My God! 명암비를 선택할 것인가 아니면 색 재현율을 선택할 것인가? '죽느냐 사느냐'의 문제가 아니기 때문에 적당한 선에서 타협할 수 있다. 입자인 안료를 사용하는 한, 산란은 피할 수 없기 때문에 분자 상태로 색을 나타내는 염료는 안료의 좋은 대안이다. 하지만 염료는 내화학성, 내열성이 떨어지기 때문에 단독으로 사용되지 못하고 안료에 섞어 사용되고 있다.

LCD와 함께 평판 디스플레이의 또 다른 축인 OLED는 스마트폰에 적용되는 RGB OLED와 대형 TV에 적용되는 wOLED로 구분된다. OLED(Organic Light Emitting Diode)는 TFT를 통해 원하는 화소에 전기를 흘려보내면 유기물 반도체인 OLED에서 전자와 정공이 만나 청, 녹, 적색이 나오는 원리이다. 일반적으로 컬러필터의 미세패턴은 포토레지스트를 도포한 다음 빛에 감응되지 않은 부분을 녹여 내는 포토공정으로 만들어진다. 하지만 OLED 재료는 용매에 녹지 않기 때문에 포토 공정 대신 FMM(Fine Metal Mask) 승화 증착법으로 패턴을 만든다. FMM은 OLED 재료를 승화 증착할 때 '모양 자' 역할을 하여 청, 녹, 적색의 재료가 자기 자리에 들어갈 수 있게 한다. 패턴 모양의 구멍이 있는 FMM은 두께가 얇을수록 성능이 좋아지지만 얇고 면적이 커질수록 중앙 부위가 처져 '모양 자'의 왜곡이 발생한다. 그래서 FMM 승화 증착법은 휴대폰 같은 소형 디스플레이에만 적용될 수 있고 대면적 TV에는 마스크를 사용하지 않고 모든 패턴에 동일한 OLED 재료를 채우는 방식이 이용된다. 즉, 청, 녹, 적색의 OLED 재료를 차례대로 패턴에 채워 모든 패턴에서 백색광이 나오게 하는 원리이다. 모든 패턴에서 백색광이 나오는데 어떻게 청, 녹, 적색을 구현할 수 있을까? OLED 화소에서 나온 백색광이 컬러필터를 통과하면서 청, 녹, 적색을 구현하는 것이 wOLED이다.

wOLED의 w는 white의 약자인데 백색광 OLED를 뜻한다. 컬러필터가 사용된다는 점에서 wOLED는 언뜻 LCD와 비슷하다고 생각할 수 있다. 한번 따져 보자. 첫째, LCD가 광원은 항상 켜져 있고 액정의 움직임으로 컬러필터 화소에 도달하는 빛의 양이 조절되는 반면 wOLED는 전기 신호로 각 화소에서 나오는 빛의 양을 조절한다. 둘째, 빛 샘 현상이 있는 액정으로는 완벽한 검은색을 구현하기 힘들지만 wOLED 화소는 전기 신호가 없으면 빛을 내지 않는다. 따라서 wOLED는 컬러필터에 비교적 입자 크기가 큰 안료를 사용해도 명암비의 감소가 작다. 광원이 완벽하고, 컬러필터가 완벽한 색을 가지고 있다면 디스플레이 또한 완벽한 색을 재현할 수 있다. 물론 '완벽'이란 단어는 신의 영역이지 현실에서 통용될 수 없는 말이다. wOLED에서 나오는 빛도 자연광과 다르고 백 퍼센트 색 순도의 안료도 존재하지 않는다. 여기서는 언급하지 않았지만 LCD TV는 시야각, 응답속도 OLED TV는 수명, 번인 현상 같은 또 다른 문제점도 갖고 있다.

wOLED를 이을 디스플레이는 QD-OLED라고 한다. QD-OLED는

블루 OLED에서 발광한 청색이 퀀텀닷이 포함된 컬러필터를 만나 녹
색과 적색을 구현하는 디스플레이이다. wOLED와 QD-OLED는 모
든 OLED 화소에서 동일한 색이 나오지만 각각 백색과 청색이 나온다
는 점이 다르다. wOLED는 청, 녹, 적색의 안료가 분산된 컬러필터에
서 최종 색이 구현된다면 QD-OLED는 청색광은 그대로 사용하고 퀀
텀닷이 분산된 컬러필터에서 청색광을 녹색과 적색으로 변환하여 청,
녹, 적색을 완성한다.

TV 해상도와 화소 수

명칭	해상도(가로 × 세로)	총 화소 수
HD	1,280 × 720	921,600
FHD	1,920 × 1,080	2,073,600
UHD	3,840 × 2,160	8,294,400
4K	4,096 × 2,160	8,847,360
8K	7,680 × 4,320	33,177,600

디스플레이 기술은 하루가 다르게 발달하고 있어 TV를 사고 몇 년
만 지나도 훨씬 좋은 TV가 시장에 출현한다. TV의 성능은 해상도, 휘
도(밝기), 명암비, 색재현율 등의 요소들이 종합되어 나타난다. 해상
도는 HD, FHD, UHD, 8K 등으로 표시되는데 8K TV는 가로 화소 수
가 약 8,000개이고 세로 화소 수는 약 4,000개로 UHD보다 화소 수가
4배 더 많다. 여기서 잠깐, 1K, 2K, 4K, 8K라는 표현은 2의 10제곱인
1,024 대비 몇 배인가를 말하는데 4K는 1,024×4=4,096, 8K는 1,024×

8=8,192를 나타내며 가로 화소 수를 말한다.

　표를 보면 8K라고 부르는 TV의 가로 화소 수는 실제 8K보다 조금 적은 7,680개이다. 해상도는 디스플레이의 종류인 LCD, OLED와는 관계없고 화소 수가 많을수록 좋다. 8K TV는 혹시 집에 있을지도 모를 FHD TV의 화소 수보다 약 16배 더 많다. 두 TV를 나란히 두고 8K 방송을 시청해 본다면 바로 뛰쳐나가 8K TV를 구매할 수도 있다. 8K TV는 비비 크림을 바르지 않은 배우들의 잡티 하나까지 보여 준다. 다만, 아직까지 방송 카메라와 방송 송출이 UHD에 머무르고 있어 진정한 8K 콘텐츠를 즐기려면 몇 년 더 기다려야 한다.

　그럼 결론을 내어 보자. OLED TV가 더 좋을까? 아니면 QLED TV가 더 좋을까? 명암비는 완벽한 검은색이 구현될 수록 좋아지는데 빛샘 현상이 없는 OLED TV가 유리하다. 색재현율은 컬러필터에 사용된 염안료의 색좌표 그리고 OLED와 QLED 광원에 의해 결정된다. 광원이 비슷하다면 컬러필터에 의해 색재현율은 결정된다. 휘도는 빛 손실이 적은 OLED가 유리할 것 같지만 자발광인 OLED 소자를 너무 밝게 하면 수명이 단축되므로 광원인 LED로 밝기를 조정할 수 있는 QLED가 오히려 유리할 수도 있다.

　어떤 TV를 살지 결정을 하였는가? TV는 고가의 가전 제품이므로 성능뿐 아니라 가성비도 중요하다. 새로운 패널 공장이 필요한 wOLED

TV와 달리 QLED TV는 기존 LED TV에 QD Film 한 장 달랑 붙이면 끝이다. 또한 LGD 중국 공장이 2020년 하반기부터 가동하고 있지만 세계적으로 LGD만 양산하는 대면적 wOLED 패널의 판가는 QLED 보다 비쌀 수밖에 없다. 그런데 wOLED TV와 QLED TV의 승부가 본 격적으로 전개되기도 전에 평판 TV 2차 대전은 싱겁게 끝날 수도 있다. 삼성 디스플레이는 2021년 하반기부터 차세대 디스플레이인 QD-OLED를 양산하겠다고 선언했다. 이제 곧 wOLED TV와 QD-OLED TV의 평판 TV 3차 대전이 시작될 것이다. 개봉박두!

고순도 반도체 케미컬의 세계 ppt
일본 무역 규제와 한국의 극복 그 뒷이야기

2019년 7월 4일 일본 정부는 반도체급 불산, 불화 폴리이미드, EUV 포토레지스트에 대해 한국 수출 규제를 감행하였다. 반도체 업계에 종사하고 있지 않다면 이게 무엇인지도 모를 생소한 제품들이다. 수출 규제 품목 중 두 가지는 당장 급하지도 않았지만 우회 수입이 가능했고 반도체급 불산은 수급이 여의치 않아 전 국민이 반도체급 불산 전문가가 될 정도로 언론에 자주 등장하였다.

일본의 수출 규제 이전, 한국의 반도체급 불산 수급은 일본의 스텔라, 모리타 두 회사에 의존하고 있었다. 2018년, 반도체 가격은 서버용 메모리 수요를 감당하지 못해 천정부지로 치솟았고 삼성전자, SK하이닉스는 신규 공장 건설에 박차를 가하는 동시에 기존 공장 가동률을 높이기 위해 전력질주하고 있었다. 반도체 게미컬 회사들도 수급에 차질이 생기면 반도체 회사는 물론 대한민국의 역적이 될 거라는 우스갯소리를 안주 삼아 호황을 즐기고 있었다. 그러나 우스갯소리는 우스갯소리로 끝나지 않았다. 2018년 하반기를 지나면서 반도체 케미컬의 수요는 공급 능력을 초과하고 있었다. 케미컬 공장 건설은 통상 1년 이상 걸리기 때문에 케미컬 회사들은 수요 예측을 토대로 미리 공장을 준비해 왔다. 그러나 당시의 반도체 호황은 누구도 생각지 못한 시나리오였고 반도체 경기가 정점에 도달했을 때 불산, 과산화수소, IPA 같은 케미컬은 당장 내일 공급이 중단된다고 해도 놀랍지 않은 상황이었다.

  그러던 2018년 11월, 일본은 갑자기 고순도 불산 수출을 중단하였다. 고작 며칠 재고를 가져가던 한국은 며칠이 지나면 반도체 생산을 중단할 수 밖에 없었고 일본의 의도를 파악하기 위해 동분서주 뛰어다녀야 했다. 그런데 일본이 '수출 중단은 서류 미비로 인한 해프닝'이라고 발표하면서 수출은 며칠 만에 재개되고 아무 일이 없었던 듯 평상시로 돌아갔다. 그러나 한국 대법원의 강제징용 판결(2018년 10월)에 대한 일본의 불만이 이어진 가운데 그들의 돌출 행동(?)은 불산이 보복 수단으로 활용될 수 있다는 의구심을 가지기에 충분했다.

반도체 제조 회사와 케미컬 공급 회사는 불산 재고를 쌓기 시작했고 일본 이외의 불산 제조 회사를 발굴하고 품질을 개선해 나갔다. 끔찍한 가정이지만 그러한 대비가 없었다면 2019년 7월 이후 한국의 반도체산업은 어떻게 되었을까? 일본은 우리의 대비 상황을 눈치채지 못했고 한달 이내에 무릎을 꿇고 애걸복걸 불산을 구걸할 것으로 예상했던 것 같다. 일이 우연히 잘 풀리는 경우는 매우 드물다. 미리 준비하고 있었던 사실을 모르는 사람들이 우연이라고 생각할 뿐이다. 한국사회를 뜨겁게 달구었던 고순도 반도체 케미컬은 무엇인지 알아보자.

반도체 케미컬은 ppt의 세계이다. ppt가 뭐냐면 part per trillion의 약자이다. 말 그대로 1조분의 1을 의미한다. ppm은 수돗물의 불순물이나 유기물의 오염 정도를 나타낼 때 자주 등장하는 용어이다. ppm은 part per million, 100만분의 1이며 ppb는 part per billion, 10억분의 1이고 마지막으로 ppt는 part per trillion, 1조분의 1이다. 각 단계마다 1,000배씩 차이가 난다. 1ppt가 어느 정도인지 가늠하기 위해서 다음과 같은 예를 들어 보자. 축구경기장 바깥쪽에 400m 계주 트랙이 있고 10만 명을 수용할 수 있는 관중석이 사선으로 들어서 있는 종합 경기장을 상상해 보자. 농도를 계산할 때 부피를 알아야 하는데 계산 편의를 위해 종합 경기장은 가로, 세로, 높이가 각각 200m, 100m, 50m인 직육면체라고 가정하자. 종합 경기장의 부피는 $200 \times 100 \times 50 = 1,000,000 (=10^6) m^3$가 되고 $1m^3$는 1,000리터이므로 리터로 환산하면 10^9리터이다. 10^9리터라면 하면 가늠이 잘 안되니까 종합경기장에 물을 가득 채운 정도라고 생각하자. 밀도가 1인 물로 경기장을 채웠을 때 사용된 물의 무게는 1리터가 1kg이므로 10^9kg($=10^6$톤)이다. 1톤(-10^6g)에 소금 1g이 녹아 있으면 1ppm, 1,000톤에 소금 1g이 녹아 있으면 1ppb, 1,000,000($=10^6$)톤에 소금 1g이 녹아 있으면 1ppt가 된다. 즉 종합경기장에 아주 깨끗한 물을 가득 채운 뒤 소금 1g을 녹이면 1ppt가 되는 것이다. 반도체 제조 공정에 사용하는 케미컬은 ppt로 관리된다. 고순도 반도체 케미컬의 종류에는 어떤 것이 있고 무엇을 ppt로 관리하고 왜 이렇게까지 관리해야만 할까?

반도체 칩 하나를 생산하기 위해서는 600개 이상의 공정과 한달 이상의 기간이 필요하다. 산화, CVD, 스퍼터링, 식각, 포토, 이온주입, 세정 등 반도체 제조 공정은 다양하고 복잡하지만 모든 공정이 입자와 유무기 오염과의 전쟁이란 점은 동일하다. 반도체의 선폭은 점점 미세화되어 DRAM의 최소 선폭은 10㎚대 초반, 시스템 LSI는 5~7㎚이다. 선폭이 미세하기 때문에 금속 배선에 흡착한 유기 오염물은 전기 흐름을 막고 절연막에 확산된 금속이온은 전류를 누설시키고 수십㎚ 입자는 전기 흐름의 방해하거나 전류를 누설시켜 수율을 저하시키는 적이 된다. 뉴스 화면에 등장하는 반도체 제조라인을 떠올려 보면 로봇 팔이 이곳 저곳에 웨이퍼를 넣었다 빼고 웨이퍼를 담고 있는 카트리지가 쉴 새 없이 움직이지만 사람은 보이지 않는다. 사람은 입자와 유무기 오염물의 원천이므로 반도체 라인은 무인화, 자동화되고 있다.

반도체는 깨끗한 공기가 순환되고 있는 크린룸에서 제조되지만 공정이 진행되는 동안 입자 및 유무기 오염원에 끊임없이 노출되기 때문에 각 공정 앞뒤에는 세정 공정이 들어가 있다. 세정 공정에 사용되는 고순도 케미컬은 황산(H_2SO_4), 30% 과산화수소수(H_2O_2), 34% 암모니아수(NH_4OH) 등이 있다. 암모니아수와 과산화수소수 혼합물은 금속 오염물과 입자를 제거하고 황산과 과산화수소수 혼합물은 유기 오염물과 입자를 제거하는 데 주로 사용된다.

두번째는 공정에서 형성된 산화막을 제거하는 50% 고순도 불산(HF)이다. 반도체 웨이퍼는 실리콘(Si) 단결정이다. 실리콘은 공기나 공정 케미컬을 만나면 부도체인 실리콘 산화막(SiO_2)이 형성된다. 실리콘 산화막은 초순수(H_2O)에 희석된 '희석 불산'으로 제거된다. 초순수는 입자, 유기물, 음이온, 금속이온이 제거된 물이며 모든 반도체 공정에 걸쳐 가장 많이 사용되는 케미컬이다.

세번째는 산화막을 선택적으로 식각하는 BOE(Buffered Oxide Etchant)이다. BOE는 암모니아와 불산이 반응한 불화암모늄(NH_4F)에 불산(HF)과 계면활성제를 섞은 혼합 용액이다. 계면활성제는 계면장력을 낮추어 막질이 균일하게 식각되도록 돕는 역할을 한다. 식각 속도와 '질화 실리콘(SiN_x)에 대한 산화 실리콘(SiO_2)의 식각 선택비'에 따라 다양한 BOE가 반도체 공정에서 사용된다. 희석 불산은 BOE 대신 식각액으로 사용되기도 하며 BOE는 희석 불산 대신해 산화막을 제거하기도 한다.

네번째는 패턴 컬랩스(Collapse)를 방지하기 위한 린스액, IPA(Isopropyl alcohol)이다. 반도체의 배선, 절연막은 포토레지스로 원하는 패턴을 먼저 만들고 하부막을 식각 또는 증착하여 형성된다. 전통적으로 포토레지스 패턴은 노광부의 레지스트를 현상액으로 녹여 낸 다음 현상액을 초순수로 치환하고 초순수를 건조하여 만들었다. 그러나 선폭이 미세화되고 하부 막과 접촉 면적이 줄어들면서 초순수를 바로 건조하면 패턴간 모세관 힘 차이에 의해 패턴이 무너지게 된다.

현상, 초순수 치환

모세관 힘

초순수 건조

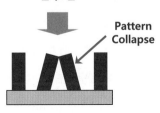

Pattern Collapse

패턴 컬랩스 모식도

이를 방지하기 위해 물을 IPA로 치환한 다음 IPA를 건조하여 패턴을 완성한다. 최근에는 상온 IPA보다 표면장력을 더 낮추기 위해 뜨거운 IPA(75℃)나 초임계 이산화탄소의 사용이 늘어나는 추세이다. 참고로 모세관 힘은 표면장력에 비례하는 힘이며 물의 표면장력은 72.5dyne/

㎝이고 25℃ IPA는 21dyne/㎝, 75℃ IPA는 16.5dyne/㎝이고 초임계 이산화탄소는 0dyne/㎝에 가깝다.

지금까지 살펴본, 암모니아수, 과산화산소, 황산, 불산, BOE, IPA가 대표적인 고순도 반도체 케미컬이다. 반도체 케미컬에 비휘발성 유기물, 음이온 및 금속 불순물이 있다면 그 자체가 또 다른 오염원이 되므로 이들 불순물은 완벽하게 제거되어야 한다. 대부분의 반도체 케미컬은 전단계 물질이나 케미컬 자체를 증류하여 정제한다. 다만 휘발성 불화금속이 포함된 불산과 증류로 제거되지 않는 불순물이 있는 과산화수소는 별도의 전처리 공정이나 후처리 공정을 거친다.

반도체 케미컬의 금속 불순물은 보통 각 성분당 10ppt 이하로 관리되는데 금속의 종류가 20개 이상이기 때문에 각 5ppt만큼 오염되어 있다면 총 금속 불순물은 최소 100ppt가 된다. 또한 일부 음이온 불순물은 수ppb 이하로 제거하기 힘들고 IPA에는 수십ppb 이상의 유기 불순물이 포함되어 있다. 불순물이 1ppb인 케미컬의 순도는 99.9999999이고 9가 아홉 개 있다고 해서 nine nine이라 하고 불순물이 1ppt인 케미컬은 twelve nine이라고 한다. 고순도 반도체 불산의 순도를 twelve nine이라고 부르곤 하는데 불순물 총량이 1ppt라는 의미이므로 잘못된 표현이다. 고순도 반도체 불산은 금속 불순물만 고려하면 ten nine 정도이고 음이온 불순물까지 고려하면 nine nine 정도이다.

불산은 초순수에 100배 이상 희석하여 사용되고 초순수의 금속 불순물은 1ppt 이하로 관리되고 있기 때문에 불산의 금속 불순물이 10ppt이면 '희석 불산'의 금속 불순물은 1ppt가 되고, 100ppt이면 2ppt가 된다. '희석 불산'은 다량의 초순수에 희석되기 때문에 불산보다는 초순수의 관리수준에 따라 금속 불순물의 농도가 결정된다. BOE 원액과 '희석 불산'이 접촉하는 하부막질은 동일하지만 '희석 불산'의 품질 수준은 BOE의 10ppt보다 훨씬 더 엄격한 1ppt 정도이다. 원액으로 사용되는 황산, 과산화수소수, 암모니아수, BOE, IPA와 초순수에 희석하여 사용되는 불산의 품질이 동일해야 하는지는 의문스럽다.

언급된 고순도 반도체 케미컬은 모두 국내에서 생산된다. 문제의 불산도 몇 년 전 이미 국산화되었고 일본 제품과 병행 사용되었을 뿐이다. 국내 고순도 반도체 케미컬의 품질은 결코 미국, 일본 등 선진국에 뒤지지 않고 오히려 더 뛰어나다. 세계 시장을 선도하는 국내 반도체 회사들이 요구하는 품질 수준이 높고 국내 케미컬 회사들이 꾸준히 품질을 향상시켜 왔기 때문이다. 다만 고순도 케미컬이 아닌 고분자 설계 능력과 조성 기술이 가미된 케미컬, 예를 들면 포토레지스트, 절연막, PERR, PCMP 세정액의 기술수준은 미국, 일본 등 재료 강국에 비해 뒤떨어져 있다.

일본이나 선진 유럽 국가가 화학산업을 발전시킨 시기가 19세기 후

반부터이고 2차 세계대전을 거치면서 선진국의 화학 기술은 한 단계 더 발전했다. 우리나라의 화학산업은 1970년대 박정희 정부의 중화학 공업 육성 정책에서 시작됐다고 보면 된다. 선진국의 화학산업은 정밀화학에서 중화학공업으로 발전한 반면 우리나라는 석유화학을 먼저 대기업에 이식한 다음 중소기업을 중심으로 정밀화학산업을 발전시켜 왔다. 그만큼 정밀화학산업의 역사는 일천하고 뿌리도 약하다. 그러나 디스플레이와 반도체산업의 성장은 자연스럽게 첨단 화학산업을 태동시켰고 지난 20년간 성장을 거듭하여 매출 1조의 소재기업의 출현도 가능하게 했다. 연구개발을 통한 성공 스토리에 익숙한 이들 기업은 축적된 자본을 기술개발에 과감하게 투자하고 있다. 시행착오와 노하우가 제품에 녹아 있고 경험이 축적된 회사만이 잘할 수 있는 분야가 화학산업이다. 일본 무역 규제 이후 소재산업에 대한 정부의 달라진 인식과 소재 기업의 경험이 합쳐진다면 머지않아 선진국을 능가하는 반도체 재료도 탄생할 수 있으리라 기대된다.

밀가루 음식을 먹으면
왜 속이 더부룩할까?

밀가루 음식에는 보리밥, 현미밥, 쌀밥은 물론 찹쌀밥과도 비교할 수 없는 쫀득쫀득한 식감이 있다. 덕분에 튀긴 밀가루 음식인 라면은 인스턴트 식품을 뛰어넘어 준주식의 하나로 자리매김했다. 그런데 나만 그런가? 밀가루 음식을 먹으면 속이 더부룩하고 심하면 설사를 하기도 한다. 혹시 국수나 라면을 먹을 때 꼭꼭 씹지 않고 후루룩 면치기를 해서 그런 건 아닐까? 그런데 한의사들도 한약을 먹을 때는 밀가루 음식을 피하라고 한다. 밀가루에 혹시 우리가 모르는 비밀이 숨겨져 있는 건 아닐까? 밀가루 음식을 먹으면 속이 더부룩한 것은 밀가루의 비밀과 관련이 있지 않을까?

밀가루와 쌀가루를 반죽해 보면 손가락 끝에서 전해 오는 느낌부터 다르다. 밀가루에 물을 붓고 조물조물 치대다 보면, 반죽을 쭈~욱 당기면 당긴 만큼 늘어나고 힘을 놓으면 조금 수축하는 밀가루 반죽의 특성이 생기기 시작한다. 늘려도 잘 끊어지지 않는 밀가루 반죽을 길게 당긴 다음 반으로 접고 다시 늘리기를 반복하면 칼질을 하지 않고도 가느다란 면발을 뽑을 수 있다. 그리고 이스트 발효로 생성된 이산화탄소로 반죽을 부풀게 하면 부드러운 빵도 만들 수 있다. 반면, 쌀가루 반죽을 늘여 보면 힘이 크게 들지 않고 조금만 당겨도 툭 끊어진다.

식재료 중 주식에 해당하는 쌀, 찹쌀, 감자, 옥수수, 찰옥수수, 밀의 주성분은 녹말(전분)이다. 전분은 포도당 수백, 수천 개가 결합된 다당류이며 소화과정에서 포도당으로 분해되고 호흡을 통해 받아들인 산소와 반응해 최종 대사 물질인 이산화탄소와 물이 된다. 전분은 분자량이 작은 아밀로스와 분자량이 큰 아밀로펙틴으로 나누어지는데 아밀로스 분자는 나선형의 직선인데 반해 아밀로펙틴 분자는 가지가 무성한 나무줄기처럼 생겼다. 분지 구조를 가진 아밀로펙틴은 서로 얽히고설켜 있기 때문에 아밀로펙틴이 대부분인 찹쌀밥은 쌀밥보다 더 찰지고 씹는 맛이 다르다. 그러나 안타깝게도 아밀로펙틴이 72% 밖에 안 되는 밀가루 반죽이 찹쌀 반죽보다 훨씬 잘 늘어나기 때문에 밀가루 반죽의 특징을 전분으로 설명할 수는 없다.

아밀로스

아밀로펙틴

아밀로펙틴 전분의 분자 구조

주요 식재료의 전분 구성

식재료 종류	아밀로스(%)	아밀로펙틴(%)
쌀	20	80
찹쌀	0	100
감자	21~23	77~79
타피오카	17	83
옥수수	21~28	72~79
찰옥수수	0	100
밀	29	72

　밀가루 반죽의 특징을 전분으로 설명할 수 없다면 밀가루의 다른 성분에서 해답을 찾아야 한다. 밀가루는 약 70%의 탄수화물과 8% 내

지 14%의 단백질로 구성되어 있는 반면 쌀가루는 약 76%의 탄수화물과 약 8%의 단백질로 구성된다. 두번째로 많은 성분인 단백질이 밀가루의 반죽의 특성과 관련되어 있지 않을까? 결론부터 말하자면 밀가루 음식의 쫀득쫀득한 식감과 밀가루 반죽이 물을 흡수하여 끈기와 점탄성을 가지는 것은 글루텐이라는 단백질 때문이다. 밀가루는 글루텐 함량에 따라 강력분(12~16%), 중력분(10~12%), 박력분(8~10%)으로 구분되고 강력분은 빵, 파스타를 중력분은 우동, 국수를, 박력분은 과자를 만들 때 사용된다.

밀가루 단백질의 약 80%는 글리아딘(Gliadin)과 글루테닌(Glutenin)이고 글로불린과 알부민이 나머지 20%를 차지한다. 글리아딘은 에탄올 수용액에 녹는 반면 글루테닌은 에탄올 수용액에 녹지 않는다. 밀가루를 반죽하면 두 단백질은 서로 결합하여 글루텐을 형성한다. 글리아딘은 분자량이 28,000~55,000인 선형 단백질이지만 글루테닌은 사슬과 사슬이 다이설파이드(-S-S-)로 결합된 가교 단백질이며 가교 정도에 따라 분자량은 50만에서 1,000만 이상이 되기도 된다. 글루테닌의 구조는 분자량 67,000~88,000인 골격에 32,000~35,000인 저분자가 다이 설파이드 결합으로 곁가지를 형성하고 있다. 여분의 이중결합을 가진 고분자 사슬을 황으로 가교시키면 탄성을 가지는 망상구조가 만들어지는데 천연 고무나 자동차 타이어가 대표적인 예이다. 고무나무에서 채취할 때 고무액은 끈적끈적한 액체지만 황을 넣어 가교시키면 늘려도 다시 수축하는 고무의 특성이 나타나게 된다.

다이설파이드로 가교된 글루테닌도 고무와 같은 탄성을 갖는 거대 분자이다.

　물을 넣어 밀가루를 반죽하는 과정에서 글리아딘은 글루테닌과 결합하여 새로운 3차원 그물 구조를 형성하는데 이것이 바로 글루텐이다. 글리아딘과 글루테닌은 주로 미반응 시스테인의 다이설파이드 반응과 다이설파이드와의 교환반응을 통해 결합하며 이외에도 이온결합, 수소결합으로 서로 연결되어 있다. 글루테닌과 글루텐 둘 다 3차원 망상 구조지만 글루테닌은 탄성이 강해 잘 늘어나지 않지만 글리아딘이 가소제로 작용하는 글루텐은 잘 늘어나게 된다

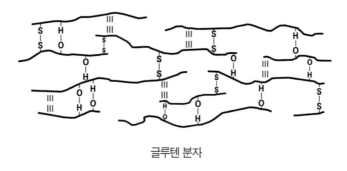

글루텐 분자

　글루텐의 3차원 그물 구조는 물 함량은 물론, 소금, 설탕, 식초 등 첨가제의 유무, 반죽 온도와 숙성시간에 따라 달라진다. 예를 들어 레몬즙, 식초, 알코올을 첨가하면 반죽이 잘 늘어나게 되고 강력분 비율을 높이고 소금을 조금 첨가하면 면발이 탱글탱글해진다. 그래서 유

명한 국수집은 전분의 비율, 첨가제의 종류 및 함량, 숙성시간을 조절
하여 손님들이 한번 맞보면 다시 찾을 수밖에 없는 자신들만의 면발
을 뽑아낸다.

밀가루 음식을 섭취하면
장 표면에 염증이 생겨 설사
를 하는 셀리악병을 가진 사
람이 아니더라도 속이 더부
룩하고 설사를 하는 사람이
적지 않다. 면발의 구조를
좀더 자세히 들여다보면 밀

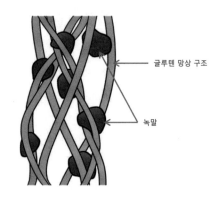

글루텐 망상 구조

녹말

가루의 70%인 전분은 거대한 글루텐 그물 구조 속에 꼭꼭 숨어 있다.
소화가 되려면 소화액이 글루텐 그물망을 뚫고 들어가 전분을 분해
해야 한다. 인간은 당류의 축합 구조인 셀룰로오스를 분해조차 할 수
없고 다당류인 전분보다는 이당류인 설탕, 엿당, 젖당을 이당류보다
는 단당류인 포도당과 과당을 빠르게 소화 흡수한다. 하물며 밀가루
음식은 3차원 그물 구조인 글루텐 속에 전분을 숨기고 있어 이 복잡
한 그물 구조를 끊어내고 전분을 찾아 분해해야 소화할 수 있다. 결론
을 내리자면 면발의 특이한 화학적, 물리적 구조와 더불어 잘 씹지 않
고 후루룩 면치기를 하기 때문에 밀가루 음식을 먹고 나면 속이 더부
룩하고 심할 때는 설사를 하기도 한다.

07

동물성 지방은 악이고
식물성 지방은 선일까?

　국민소득 3만불 시대, 먹고살 만하면서 TV는 하루 종일 먹방과 건
강 이야기에 여념이 없다. 건강에 좋은 음식과 좋지 않은 음식은 무
엇인지, 어떤 성분이 좋은지 나쁜지, 이래서 좋고 저래서 나쁘다고 한
다. 해장국을 끓여 줄 사람도 끓여 먹을 정성도 부족한 아침, 커피 한
잔으로 일깨운 정신은 저녁 삼겹살의 포만감으로 TV에 맡겨진다. 이
제는 낯이 익어 버린 의사들이 프로그램의 패널로 나와 불포화지방,
포화지방, 트랜스지방, 오메가 3, 오메가 6, 콜레스테롤을 이야기하면
불룩하게 튀어나온 뱃살을 양손으로 부여잡고 요즘 식습관에 대한

반성문이라도 써야 할 것 같다.

특정 물질이 개개인에게 좋고 나쁘다고 말할 수 있겠지만 자연계의 물질은 나름대로 필요에 의해 존재한다. 지방은 단백질, 탄수화물과 함께 3대 영양소이며 세포막을 형성하는 핵심 물질이다. 그런데 식물성 지방은 좋고 동물성 지방은 몸에 나쁘다는 말을 자주 듣는다. 인간도 동물인데 동물성 지방이 몸에 좋지 않다고 하니 뭔가 께름칙한 기분이 드는 것은 어쩔 수 없다. 하루의 피로가 가져온 나른함 속에서 문득 지방이 무엇이고 동물성 지방과 식물성 지방은 어떻게 다른지 궁금해진다.

중성 지방

글리세롤

지방산(스테아린산)

지방이 뭐냐고? 세 개의 지방산이 글리세린과 반응한 형태가 중성지방이다. 글리세린은 보습제로 사용되는 탄소 3개와 수산화기 (-OH) 3개를 가진 물질이며 지방산은 긴 탄소 사슬 마지막에 카복실기(-COOH)가 있는 물질이다. 예를 들면 $CH_3(CH_2)_{16}COOH$는 탄소가 18개인 포화 지방산, 스테아린산이다. 지방산은 세가지 기준으로 분류할 수 있다. 우선 탄소수이다. 지방산의 탄소는 8개에서 26개 사이며 자연계에서 탄소수는 반드시 짝수이다. 탄소수가 8개, 10개, 12개, 14개이지 9개, 11개, 13개는 존재하지 않는다.

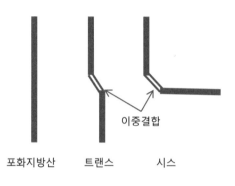

포화지방산   트랜스   시스

포화지방산 및 불포화지방산의 구조

　두번째는 이중결합의 유무이다. 지방산은 탄소간 결합이 단일 결합만으로 이루어진 포화 지방산과 이중결합이 있는 불포화 지방산으로 나누어진다. 불포화 지방산은 탄소수가 18, 20, 22개인 지방산에서 주로 발견된다. 예를 들면 탄소수가 18개인 지방산은 이중결합이 없는 스테아린산(Stearic acid, C18:0), 이중결합이 하나 있는 올레인산(Oleic acid, C18:1), 둘인 리놀레산(Linoleic acid, C18:2), 셋인 α-리놀렌산(α-Linolenic acid, C18:3)으로 구분된다. 불포화지방산은 이중결합의 위치에 따라 별도의 이름으로 불려지는데 맨 끝에 있는 CH_3에서 세기 시작해서 이중결합이 3번째 탄소에 있으면 오메가 3, 6번째면 오메가 6, 9번째면 오메가 9라고 부른다. 그래서 올레인산은 오메가 9, 리놀레산은 오메가 6, α-리놀렌산은 오메가 3에 속한다. 세번째는 불포화 지방산의 탄소 이성질체이다. 탄소수와 이중결합의 위치가 같지만 이중결합 양쪽에 붙은 탄소 사슬이 서로 마주보고 있으면 시스(cis), 반대쪽 대각선상에 있으면 트랜스(trans) 이성질체가 된다.

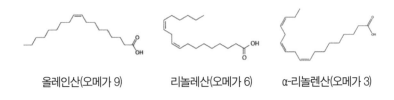

올레인산(오메가 9)　　　리놀레산(오메가 6)　　　α-리놀렌산(오메가 3)

　지방산은 탄소수, 이중결합의 개수, 이성질체의 종류에 따라 상온에서 액체 또는 고체가 된다. 여기서 물질의 성상인 고체와 액체에 대해 잠깐 알아보고 가자. 고체란 분자간 인력이 강해 분자가 고정된 상태이고 온도가 올라가면 분자가 어느 정도 자유롭게 움직일 수 있는 액체 상태가 된다. 분자간 인력은 만유인력처럼 분자량에 비례해서 증가한다. 지구보다 가벼운 달에 가면 우주인은 몸무게가 1/6로 가벼워져 걷는 것이 아니라 거의 날아다닌다. 탄소수가 증가하면 분자간 인력이 증가해 지방산의 녹는점은 상승한다. 이중결합의 개수 및 구조도 분자간 인력에 영향을 미친다. 쭉 뻗어 있는 포화지방산은 분자들끼리 잘 포개져 분자간 인력도 강하다. 반면, 'ㄱ' 모양의 시스 구조 불포화지방산은 분자간 인력이 약해 상온에서도 액체인 경우가 많다. 따라서 지방산의 녹는점은 포화지방산, 트랜스 불포화지방산, 시스 불포화지방산 순으로 낮아지며 이중결합의 개수가 증기해도 녹는점은 낮아진다. 그래서 탄소수가 적거나 이중결합이 많은 지방은 상온에서 액체이다.

　입안에서 부드럽게 녹는 초콜릿의 비밀도 코코아 열매에서 추출한 코코넛 버터의 녹는점에 있다. 코코아 버터는 미색의 지방으로 상온에서 고체지만 체온에서 녹아 액체로 변한다. 코코아 버터는 팔미틱산, 스테아린산, 올레인산 등 비교적 단순한 지방산으로 구성되어 있어 체온에서 부드럽게 녹아 청량감을 준다. 초콜릿은 카카오 매스나 카카오 버터에 설탕, 우유를 가미한 것으로 탄수화물과 지방 덩어리라고 생각하면 된다.

지방산의 종류와 녹는점

지방산 종류	구조(탄소수: 이중결합수)	녹는점(℃)	비고
Caprylic산	C8:0	17	
Capric산	C10:0	32	
Lauric산	C12:0	43	
Myristic산	C14:0	54	
Palmitic산	C16:0	63	
Palmitoleic산	C16:1	0	오메가 7

Stearic산	C18:0	69	
Oleic산	C18:1	13	오메가 9
Linoleic산	C18:2	-5	오메가 6
α-Linolenic산	C18:3	-11	오메가 3
eicosanoic산	C20:0	75	
EPA	C20:5	-54	오메가 3
DHA	C22:6	-44	오메가 3

지방산의 이중결합은 자연계에서 대부분 시스 구조로 존재하지만 소, 양 등 반추동물의 젖, 산모의 모유 그리고 천연지방을 인공적으로 변형한 마가린은 트랜스 지방을 일부 포함하고 있다. 어유나 식물성 기름의 불포화지방을 포화지방으로 바꾼 마가린과 쇼트닝은 값이 싸고 바삭바삭하고 고소한 맛을 내기 때문에 감자튀김, 팝콘 등 가공식품에 많이 사용된다. 다만, 포화지방으로 바꾸는 과정에서 불포화지방의 일부가 트랜스 구조로 바뀌기 때문에 마가린과 쇼트닝은 트랜스 지방을 포함하고 있다. 앞에서 언급했듯이 불포화지방산의 이성질체는 시스와 트랜스 두 가지인데 트랜스 구조가 열역학적으로 더 안정하다. 그래서 활성화 에너지가 가해지면 시스는 트랜스 구조로 전환될 수 있다. 식용유를 고온에서 장시간 사용하면 역시 시스-트랜스 전환이 일어나 트랜스 지방이 생성되므로 몇 번 사용한 식용유는 버리는 게 좋다.

트랜스 지방은 마가린 덕분에 유명해졌지만 인공 물질은 아니며 자연에서도 존재하는 지방이다. 육류와 가공식품에 자주 노출되는 현대인들은 상대적으로 포화지방과 트랜스 지방을 많이 섭취한다. 특히 트랜스 지방을 불포화지방의 한 종류로만 생각했던 과거에는 불포화 지방의 구조 변화에 별 신경을 쓰지 않았다. 하지만 최근 트랜스 지방의 문제점이 속속 밝혀지면서 새로운 제조 공정을 도입하여 트랜스 지방이 없는 마가린과 쇼트닝이 생산되고 있다.

식물성, 동물성 기름의 지방산 종류 및 함량(단위:%)

종류	탄소수	10:0	12:0	14:0	16:0	18:0	18:1	18:2	18:3	포화	불포화
	들기름				6.5	2.0	17.8	15.3	**58.3**	8.5	91.5
	유채				3.9	1.9	63.1	18.3	9.2	6.6	93.4
	포도씨				7.0	4.0	17.0	**72.0**		11.0	89.0
	해바라기		0.5	0.2	6.8	4.7	18.6	**68.2**	0.5	12.6	87.4
	참기름				9.9	5.2	41.2	43.2	0.2	15.1	84.9
식물성 기름	대두			0.1	11.0	4.0	23.4	53.2	7.8	15.5	84.5
	올리브				13.7	2.5	71.1	10.0	0.6	17.1	82.9
	땅콩			0.1	11.6	3.1	46.5	32.4		19.4	80.6
	현미	0.1	0.4	0.5	16.4	2.1	43.8	34.1	1.1	20.3	79.7
	팜		0.3	1.1	45.1	4.7	38.8	9.4	0.3	51.4	48.6
	팜핵	4.0	49.6	16.0	8.0	2.4	13.7	2.0		84.3	15.7
	야자	6.4	48.5	17.6	8.4	2.5	6.5	1.5		92.0	8.0
	소	0.1	0.1	3.3	25.5	22.6	39.2	2.2	0.6	53.3	46.7
동물유	돼지	0.1	0.1	1.5	24.8	12.3	45.3	9.9	0.1	39.5	60.5
	닭		0.2	1.3	23.2	6.4	41.6	18.9	1.3	31.4	68.6

표에서 생략한 지방산이 많아 열거된 지방산의 합이 포화지방산, 불포화 지방산의 합보다 작다.

식물성 기름은 탄소 길이가 짧거나(팜핵유, 야자유) 불포화 지방산의 비율이 높기 때문에 상온에서 액체인 경우가 많다. 들기름에는 α-리놀렌산(오메가 3)이 가장 많고 포도씨유와 해바라기씨유에는 리놀레산(오메가 6)이 다른 식물성 기름에 비해 월등히 많다. α-리놀렌산과 리놀레산은 우리 몸에서 합성되지 않는 필수 지방산이다. 특히 들기름은 α-리놀렌산이 아주 풍부해 중요한 오메가 3 공급원이다.

잘 알려진 바와 같이, 닭고기, 돼지고기 그리고 쇠고기 같은 육류에는 포화지방산이 많다. 그러나 닭기름과 대두유를 비교해 보면 대두유의 불포화 지방산이 좀 더 많지만 대두유도 16%의 포화지방산을 가지고 있다. 모든 기름은 포화지방산과 불포화 지방산 둘 다 가지고 있으며 식물성 기름에 불포화 지방산이 좀 더 많이 있을 뿐이다. 여기서 잠깐, 상온에서 고체인 포화 지방산이 많은 소고기는 지방이 녹아 촉촉할 때 먹어야 고소함을 느낄 수 있다. 고기를 바싹 구워 지방이 빠져나가거나 식어 버리면 버석거리거나 딱딱할 뿐 고소함은 느낄 수 없다.

지방산은 인지질을 구성하는 핵심물질이며 인지질은 세포막을 형성하는 물질이다. 인지질은 두 개의 지방산과 인산이 글리세롤과 결합한 포스포 글리세라이드 (phosphor -glyceride), 지방산과 인산이 스핑고신과 결합한 스핑고지질(sphingolipid)로 나누어진다. 인산은 다시 유기물과 결합하고 있고 유기물 종류에 따라 인지질의 친수성도 달라진다. 물에 녹지 않는 두 개의 지방산(혹은 스핑고신)과 물과 친한 인산기로 이루어진 인지질 덕분에 세포막은 체내에서 지질 이중층 구조를 갖는다. 세포막을 형성하는 주요 지질은 인지질 외에 콜레스테롤과 당지질이 있다.

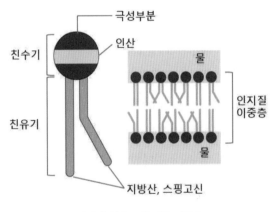

극성부분
인산
친수기
물
친유기
인지질 이중층
물
지방산, 스핑고신

인지질의 구조 및 지질 이중층

세포막은 세포 안과 바깥의 경계를 이루며 대사에 필요한 물질의 통로로 작용한다. 지방산은 세포막의 유동성을 조절하여 세포 속으로 전달되는 물질의 종류와 속도를 제어한다. 가령 직쇄인 스테아린산(C18:0)은 세포막을 견고하게 하지만 이중결합이 있는 올레인산(C18:1)은 세포막의 유동성과 투과성을 증대시킨다. 그래서 추운 바다에 사는 물고기는 더운 바다에 사는 물고기보다 불포화지방산 함량이 많고 체온이 높은 포유류는 포화지방산 비중을 높여 36.5℃에서도 견고한 세포막을 유지한다.

콜레스테롤

   인지질과 더불어 세포막을 구성하는 성분 중 하나가 콜레스테롤이다. 콜레스테롤은 음식물로 섭취되기도 하지만 간에서 주로 합성된다. 콜레스테롤 분자는 딱딱한 환상 구조로 세포막을 견고하게 하는 물질이다. 콜레스테롤은 몸에서 합성되는 성호르몬을 포함한 스테로이드계 호르몬, 담즙산, 비타민 D의 원료이며 뇌, 근육, 혈액에 많이 있기는 하지만 모든 장기에 골고루 분포하고 있다. 콜레스테롤과 지방은 혈액에 녹지 않아 혼자 힘으로 세포에 다가갈 수 없고 지질단백질(Lipoprotein)의 도움으로 세포로 이송된다. 지질단백질은 중성지방이 대부분인 암죽미립(Chylomicron), 초저밀도 지질단백질(VLDL), 중간밀도 지질단백질(IDL), 저밀도 지질단백질(LDL), 단백질 함량이 많은 고밀도 지질단백질(HDL)로 분류된다. 암죽미립은 장기, 근육에 지방을 운반하고 VLDL은 IDL을 거쳐 절반 정도는 결국 LDL이 된다. LDL은 콜레스테롤의 주 운반체이며 각 LDL 분자에는 1,500개 정도의 콜레스테롤이 들어 있다. 콜레스테롤을 잔뜩 품고 있는 LDL은 세포 표면의 수용 단백질과 결합해 세포에 콜레스테롤을 전달한다.

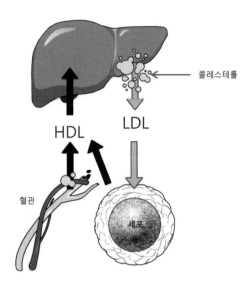

콜레스테롤

LDL

HDL

혈관

세포

 LDL은 세포막에 콜레스테롤을 운반하는 매우 고마운 물질이지만 혈액 속에 너무 많아지면 죽상 동맥 경화반이 생기는 원인이 된다. 혈관 내피에 콜레스테롤이 쌓이고 세포 증식이 일어나면 혈관은 좁아져 동맥경화, 심장질환 또는 뇌졸중에 걸릴 수도 있다. 그래서 LDL은 나쁜 콜레스테롤이라고 불리기도 한다. LDL과 반대로 HDL은 혈관이나 말초 조직에 남은 콜레스테롤을 다시 간으로 수송하는 역할을 한다. 그래서 HDL은 좋은 콜레스테롤이라고 불린다. 어떤 지방을 섭취하는가에 따라 혈중 콜레스테롤의 함량도 달라지는데 불포화지방은 LDL을 낮추는 반면 HDL을 높이고 포화지방은 LDL, HDL을 높이며 트랜스 지방은 LDL은 높이는 반면 HDL의 농도는 낮춘다.

뇌와 망막에 DHA가 많다는 사실이 한동안 세간에 DHA 열풍을 불러 일으켰다. 같은 논리면 세포막의 주 성분인 포화지방산과 콜레스테롤 열풍이 불어야 한다. 생체 내에서 합성되지 않는 필수지방산은 α-리놀렌산(오메가 3)과 리놀레산(오메가 6) 두 가지뿐이며 DHA와 γ-리놀렌산(C18:3, 오메가 6)은 조건부 필수 지방산으로 분류된다. 그래서 α-리놀렌산이 많이 함유된 들기름과 리놀레산이 많은 포도씨유, 해바라기씨유, 참기름, 대두유 같은 음식을 반드시 일정량 섭취해야 하는 것은 분명하다. 많으면 혈관질환을 일으키는 LDL이 노인 건강에 오히려 도움이 되며 많을수록 좋다고 알려진 HDL도 너무 많으면 혈관질병을 유발한다고 한다. 한쪽으로 치우치지 않는 중용의 미덕이 가장 좋은 것 같다. 모두 다 알고 있는 당연한 이야기이지만 탄수화물, 지방, 단백질이 포함된 육류, 견과류, 채소를 균형 있게 섭취하는 것과 적당한 운동과 적절히 스트레스를 해소하는 것이 건강에 좋다.

왜 연꽃잎에 물을 부으면 또르르 굴러 떨어질까?

불난 집에 부채질하기 대신 기름불에 물 붓기

튀김 요리를 한 프라이팬을 씻어 보면 물은 팬 표면으로 퍼져 나가지 않고 동글동글 맺혀 또르르 굴러 내린다. 원유를 가득 실은 유조선이 좌초되면 그야말로 대재앙이 벌어진다. 기름이 삽시간에 퍼져 나가 바다 생물들은 떼죽음을 당하고 해안가는 검은 기름으로 뒤범벅이 된다. 불난 집에 부채질하거나 불난 데 기름 붓기가 무서운 줄 알지만 기름불에 물을 부으면 큰 사고로 이어진다는 것은 잘 모른다. 물이 기화하면서 기름을 확산시키고 기름이 물위로 퍼지면서 화재는 걷잡을 수 없이 확산된다. '불난 집에 부채질하기' 대신, 새로운 격언

'기름불에 물 붓기'도 한번 써 보면 어떨까?

    생활 속에서, 젖고 또는 젖지 않는 현상은 자주 관찰되고 때로는 불편함이나 골칫거리가 되기도 한다. 자동차 유리창을 불소로 코팅하면 비가 억수같이 내려도 빗방울은 굴러 떨어져 운전하는 동안 시야가 확보된다. 추운 바깥에서 따뜻한 실내로 들어가면 안경이 뿌옇게 흐려져 보이지 않게 되지만 친수 물질로 코팅된 안경은 마술처럼 투명함을 유지한다. 젖고 젖지 않고는 기본적으로 두 물질 사이의 표면 에너지의 차이에 의해 결정된다.

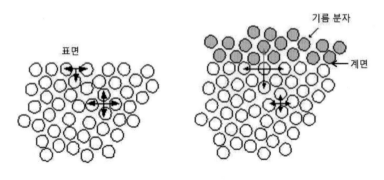

표면과 계면

    공기와 접촉하고 있는 물질의 장력은 표면장력, 공기가 아닌 서로 다른 두 물질 사이의 장력은 계면장력이라고 한다. 내부 분자와 달리 표면 분자의 한쪽 면은 공기와 접촉하고 있다. 유유상종(類類相從). 같은 언어로 말하고 자라 온 환경이 비슷한 친구와 같이 있을 때

가장 편하다. 자신과 성질이 다른 공기와 접촉하고 있는 면적을 최소화하기 위해 작용하는 힘이 그 물질의 표면장력이다. 물질의 표면장력은 공기와 성질이 비슷하면 낮아지고 다르면 높아진다. 극성이 높고 자기들끼리 수소결합을 형성하고 있는 물(H_2O)의 표면장력은 72.5dyne/㎝으로 상당히 높지만, 탄소와 수소로 구성된 기름의 표면장력은 20~30dyne/㎝ 정도로 낮다. 표면장력이 높은 물 위에 표면장력이 낮은 기름을 부으면 잘 퍼지지만 반대의 경우는 퍼지지 못하고 동글동글 뭉치게 된다.

어른들은 농사일로 바빴고 혼자 남겨진 무료한 시골의 어린 시절, 탁상시계를 겨우 분해했지만 다시 조립하는 데 실패한 뒤로는 자체추진 '연필 배'가 호사스런 장난감이었다. 몽땅 연필을 세로로 쪼갠 뒤 연필심을 빼낸 움푹 파인 홈에 볼펜 잉크를 채워 물에 띄우면 '연필 배'는 저절로 앞으로 나아간다. 볼펜의 기름 성분이 물 위로 퍼지면서 연필 배를 앞으로 밀어내기 때문이다.

안을 따뜻하게 해서 여름 작물을 겨울에 재배하는 비닐하우스를 생각해 보자. 겨울철 하우스 바깥은 차가운 반면 하우스 안은 따뜻하고 습해 하우스 안쪽 필름에 물이 맺히는 결로 현상이 일어난다. 자동차 히터를 틀면 안쪽 유리에 수분이 맺혀 뿌옇게 되는 것 역시 결로 현상이다. 비닐하우스나 자동차 유리창이 뿌옇게 되는 현상은 필름의 표면장력이 낮기 때문에 결로로 맺힌 물 방울이 잘 퍼지지 못해 생긴다. 혹시 자동차 유리창에 김이 너무 쉽게 서린다면 UV 차단 필름을 의심해 보거나 내부 청소를 고민해야 한다. 일반적으로 먼지는 물과 친하지 않는 소수성 물질인데 UV 차단 필름에 소수성 먼지가 쌓이면 물방울은 쉽게 맺히게 된다. 결로로 맺힌 물방울은 하우스 비닐로 들어오는 햇빛을 차단하고 차가운 물방울이 작물에 바로 떨어지면 작물은 냉해를 입는다. 비닐 표면을 친수 물질로 개질하면 물방울이 뿌옇게 맺히지 않고 투명한 물 층을 형성해 비닐을 타고 흘러내리게 할 수 있다.

자연계에는 물질 고유의 표면장력만으로 표면 특성을 설명하기 힘든 경우가 있다. 연꽃잎에 물방울을 떨어뜨리면 물방울은 또르르 굴러 떨어진다. 연꽃잎 표면이 기름 성분으로 덮여 있다고 생각하겠지만 연꽃잎에 맺힌 물의 접촉각은 기름으로 코팅된 표면보다 훨씬 크다. 연꽃 잎의 접촉각이 기름 표면보다 크다는 것은 연꽃잎 표면이 초소수성이라는 것을 의미한다. 탄화수소보다 소수성이 강한 표면은 딱 하나 있다. 탄소와 불소로 이루어진 불소계 표면이다. 흔히들 계면활성제의 표면장력은 탄화수소계, 실리콘계, 불소계 순으로 낮아진다고 한다. 하지만 실리콘계는 엄밀히 말하면 변형된 탄화수소계이다. 탄화수소는 CH, CH_2, CH_3 순으로 표면장력이 낮아지는데 분자 구조에 Si(실리콘)를 중심으로 CH_3만 있는 실리콘계는 세가지 종류의 탄소가 다 포함된 탄화수소계보다 표면장력이 낮다. 그런데 연꽃잎은 실리콘계도 불소계도 아닌 그냥 탄소, 수소, 산소로 이루어진 표면이다.

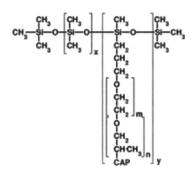

대표적인 실리콘계 계면활성제

학술적으로 탄화수소로 이루어진 연꽃잎 표면이 초소수성을 나타
내는 현상을 '연꽃잎 효과(lotus effect)'라 한다. 독일의 식물학자 빌헬
름 바르트로트(Wilhelm Barthlott) 교수는 현미경을 통해 연꽃잎을 관
찰하고 μm 단위의 거친 표면이 매끄러운 표면보다 더 강한 소수성을
보인다는 것을 밝혔다. 연꽃잎 표면은 기름으로 코팅된 μm 크기의 수
많은 돌기로 덮여 있고 물방울이 굴러 떨어질 때 먼지도 같이 제거되
기 때문에 연꽃잎은 항상 깨끗한 상태를 유지한다. 연꽃잎 효과를 이
용하여 쉽게 오염되지 않는 페인트 막, 물만 내리면 깨끗해지는 변기,
청소하지 않아도 되는 유리창 등의 제품이 만들어지고 있다.

안경, 필름, 스마트폰 화면, 옷, 피부, 점막, 약, 마루, 유리창, 촉매,
이온교환수지, 필터 등 세상의 모든 물질에는 표면과 계면이 있다. 계
면 특성 하나만 잘 이해하면 세상 문제의 절반은 이해할 수 있다고 말
해도 과언은 아니다. 그러나 계면은 다양한 만큼 경우의 수도 많아 각

각의 사례는 개별성을 가지고 있어 개별 사례를 이해하는 과정이 쉽지만은 않다. 2020년, 수중 바위에 강력하게 접착하는 홍합의 비밀이 한 꺼풀 벗겨졌다고 한다. 연꽃잎 표면을 해석하여 초소수성의 원리를 알아냈 듯 자연 현상에 관심을 기울이다 보면 누군가는 '유레카'를 외칠 수 있다.

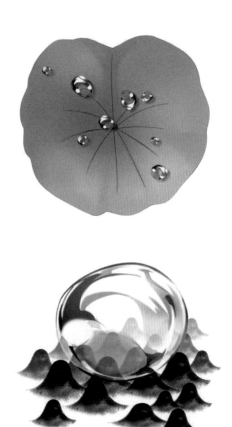

세탁 후에 'wool' 옷이 'baby' 옷으로
변해 버렸어요

　계면공학을 전공했다고 하면 계면활성제에 대해 다양한 질문을 쏟아 낸다. 계면공학과 계면활성제는 다르다고 한두 번 이야기하다 제풀에 지쳐 아는 것 이상으로 설을 풀 때가 있다. 권장량보다 세탁 세제를 더 많이 넣으면 세탁이 더 잘되나요? 섬유유연제를 세탁 세제와 같이 사용하면 어떻게 되나요? 울 스웨터를 세탁하면 왜 쭈그러드나요? 주부습진은 왜 생기나요? 바디소프가 비누보다 더 좋은가요? 왜 샤워를 자주 하면 피부가 당기고 가끔 발진도 생기나요?

계면활성제(界面活性劑, surface active agent)는 한자나 영어로 적어 보면, 계면에서 활성을 나타내는 물질이란 뜻이다. 계면활성제는 계면으로 이동하여 계면의 성질을 변화시키는 물질을 의미하지만 많은 사람들이 세제와 혼돈하여 사용하기도 한다. 계면활성제는 비누, 바디소프, 샴푸, 린스, 주방용 세제, 세탁 세제, 섬유유연제 등 세정 제품에 많이 사용되지만 식품(아이스크림, 마요네즈, 각종 음료 등), 화장품(스킨, 로션, 선크림, 립스틱, 매니큐어, 향수 등), 의약품, 산업용 등 다양하게 응용되고 있다.

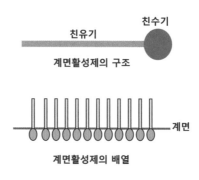

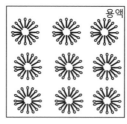

용액 내 Micelle의 형성

계면활성제 구조와 배열

계면활성제는 한 분자 내에 기름과 친한 구조와 물과 친한 구조, 둘 다 가지고 있는 물질이다. 예를 들어 탄소수가 18개인 비누의 구조식은 $C_{17}H_{25}COO^-Na^+$로 나타낼 수 있는데 탄소로 연결된 $C_{17}H_{25}$이 기름과 친한 부분이고 이온으로 이루어진 COO^-Na^+가 물과 친한 부분이다. 계면활성제는 계면으로 이동하여 계면의 특성을 바꾸고 물속에서 서로 회합하여 마이셀(Micelle)을 형성한다. 계면활성제가 계면의 특성을 바꾸고 마이셀을 형성하는 성질은 세정력과 밀접한 관련이 있다. '때'가 있는 계면으로 빠르게 침투하여 '때'를 떼어 내어 마이셀 속에 '때'를 녹이거나(가용화), 유화, 분산하여 '때'를 제거한다.

누가 뭐래도 대표적인 계면활성제는 수천 년의 역사를 가진 비누이다. 비누는 지방산(RCOOH)과 가성소다(NaOH)가 반응한 지방산염($RCOO^-Na^+$)이다. 지방산은 약산이고 가성소다는 강염기이므로 비누는 약한 염기를 띤다. 복잡한 이론을 동원하지 않더라도 강한 놈과 약한 놈이 만나 싸우면 강한 놈이 이기듯이 약산과 강염기가 반응했으니 약염기가 된다. 계면활성제는 친수기의 극성에 따라 네 가지로 분류된다. 비누와 같이 물에 해리된 친수기가 음이온이면 음이온 계면활성제, 양이온이면 양이온 계면활성제, 음이온과 양이온 둘 다 있으면 양성이온 계면활성제, 이온을 띠지 않으면 비이온 계면활성제라고 한다.

요즘 계곡에서 비누칠을 하면 야만인으로 취급되거나 바로 과태료 처분을 받겠지만 옛날에는 계곡에서 비누 세수쯤은 흔한 일이었다.

그런데 계곡물로 비누칠을 하다 보면 얼굴에 기름칠을 한 것처럼 미끈미끈해진다. 깨끗하게 씻으려고 비누칠을 했건만 물 세수만도 못한 경험이다. 계곡물에 포함된 칼슘, 마그네슘 같은 2가 이온이 비누와 반응하여 물에 녹지 않는 지방산 염을 형성했기 때문이다. 음이온 계면활성제는 종류에 따라 정도의 차이는 있겠지만 2가 및 3가 금속이온과 반응하여 불용성 물질을 형성한다. 따라서 대부분의 세제에는 금속이온과 먼저 반응하여 세탁 성능을 유지시키는 빌더(Builder, 혹은 연수제)가 포함되어 있다.

세탁 세제의 주성분은 비이온 계면활성제, 음이온 계면활성제와 빌더이고 표백제, 표백촉진제, 단백질 분해 효소 등이 첨가되어 있다. 음이온 계면활성제와 비이온 계면활성제는 서로 혼합하여 사용하면 세정력이 좋아지기 때문에 두 가지를 병행 사용한 세제가 많다. 경제학에서 말하는 한계효용 체감의 법칙은 과학에서는 한계 효과의 법칙으로 나타난다. '배가 고플 때 처음 들어간 음식은 상상할 수 없을 정도로 맛있지만 배가 부르면 맛있는 음식조차 맛있다고 느껴지지 않는다', '물고기를 양식할 때 일정 몸무게까지 성장하고 나면 물고기의 성장 속도는 현저히 느려진다', 세탁 성능은 pH, 온도, 세탁 시간, 기계적인 힘, 세제 등 여러 가지 변수에 따라 달라지는데 세탁 세제를 표준량보다 더 많이 사용하면 옷이 더 깨끗해질 것 같지만 세정력은 크게 좋아지지 않고 물 사용량이 많아지고 옷감에 세제가 잔류할 가능성만 높아진다.

아기 옷이 되어 버린 울 스웨터를 넋을 놓고 바라본 적이 있는가? 세탁 그물망에 울 스웨터를 넣고 중성 세제로 조물조물, 노련한 주부라면 다 아는 이야기이다. 울섬유 표면은 생선 비늘 모양의 막(Scale)으로 덮여 있지만 물을 흡수해 부풀기도 하고 기계적 힘이 가해지면 보호막 열려 막 안쪽이 다른 섬유 가닥의 바깥쪽 면과 서로 달라붙어 뭉치게 된다. 이것을 울섬유의 펠트(Felt)수축이라고 한다. 빌더의 활성을 증가시키고 옷에 묻은 피부 각질을 쉽게 제거하기 위해 세탁 세제는 염기성을 띤다. 염기성 세제는 단백질 섬유인 울의 다이설파이드 결합(-S-S-)을 파괴하고 궁극적으로는 섬유 단백질을 분해하여 펠트 수축을 가속시킨다. 세탁 세제의 단백질 분해 효소는 울섬유 분해를 한층 더 가속시킬 수 있다. 그래서 염기성 세탁 세제와 울섬유를 세탁기에 넣고 강력하게 회전시키면 울 옷은 쭈그러들어 아기 옷이 되어 버린다. 울섬유는 중성 세제로 약하게 세탁해야 한다. 중성 세제는 없으면 주방용 세제를 대신 사용하면 된다.

양모 Scale

펠트 수축

울섬유가 아니더라도 직물로 제조된 섬유나 친수성 천연섬유는 세탁을 하면 완화수축이나 팽윤수축이 발생할 수 있다. 직조 과정에서 실에는 장력이 걸려 있고 세탁 과정에서 장력이 완화되어 수축이 일어난다. 친수성 섬유는 물을 흡수하여 부풀어 오르면 실의 직경은 굵어지고 길이는 짧아지는 팽윤수축이 일어난다. 면, 양모, 린넨 같은 천연 직물은 폴리에스터, 아크릴, 나일론 등 합성섬유보다 수분 흡수가 많고 편직물의 장력 완화가 힘들어 수축도 잘 일어난다. 세탁세제 성분인 계면활성제는 물이나 염기성 물질의 침투력을 증가시키기 때문에 섬유의 수축은 가속화된다.

섬유의 마찰을 줄여 주고 부드러운 촉감을 부여하는 섬유유연제에는 섬유 표면 바깥쪽으로 소수성 탄소사슬이 배열하는 계면활성제가 사용된다. 양이온 계면활성제는 섬유 표면의 (-) 전하와 비이온 계면활성제는 섬유 표면의 극성기와 결합하여 섬유 표면에 흡착, 배열할 수 있다. 섬유 표면에 흡착한 유연제는 섬유에 부드러운 촉감을 부여하고 정전기를 줄여 주지만 여러 가지 부작용도 발생시킨다. 목욕 타월의 수분 흡수력을 떨어뜨리고 기능성 의류의 땀 배출 성능을 손상시키며 오리털과 거위털 점퍼의 보온 기능을 약화시킨다.

섬유 표면에 부착된 유연제는 피부 가려움증을 유발할 수 있으므로 피부가 직접 닿는 내의에는 사용하지 않는 것이 좋다. 원론적으로 말한다면 100% 무해한 화학물질은 없다. 합성물질이든 천연물질이든 모든 물질은 부작용을 가지고 있고 부작용이 최소화된 물질을 용도에 맞게 적정량 사용할 뿐이다. 피부는 수분 손실을 막고 외부 미생물과 유해물질을 막아 내는 훌륭한 방패막이지만 극소량의 계면활성제는 피부장벽을 허물어 가려움증과 짓무름을 유발할 수 있다. 계면활성제의 부작용을 거꾸로 이용한 것이 관절염 치료 패치이다. 패치에 포함된 계면활성제는 피부 조직을 흐물흐물하게 만들어 약물이 피부 속으로 들어가게 도와준다. 패치로 약물을 전달하는 방법은 주사나 경구복용의 통증과 위장 장애가 없고 간에 부담감을 덜어 주는 등 여러 가지 장점이 있지만 일부 병증과 저분자량 약물에 국한되어 사용할 수 있다.

세탁 세제에는 음이온 계면활성제가 섬유유연제에는 양이온 계면활성제가 주로 사용되기 때문에 세탁 세제와 섬유유연제가 바로 만나면 서로 반응하여 물에 녹지 않는 기름 덩어리가 생성된다. 세제와 유연제가 아니라 또 다른 '때'가 되는 것이다. 그래서 섬유유연제는 세제 성분이 거의 제거된 다음, 헹굼 마지막 단계에 투입하는 것이 맞다.

비누로 샤워하면 피부가 당기고 민감한 피부는 가끔 발진이 생기기도 한다. 울 수축의 원인을 알기 위해 울섬유의 구조를 알아야 했듯이 피부의 당김과 발진을 설명하기 위해서는 피부의 구조와 역할을 살필 필요가 있다. 외부와 접촉하는 피부의 최외곽 각질층은 핵이 없는 납작한 모양의 세포가 여러 겹 쌓여 있는 구조다. 각질층은 각질세포와 각질세포를 둘러싸고 있는 지질로 되어 있다. 지질은 세라마이드, 콜레스테롤, 지방산으로 구성되어 있고 각질세포와 세포 사이를 연결한다. 각질층의 구조는 벽돌 벽과 비슷하다. 벽돌 벽의 시멘트는 직사각형의 벽돌을 서로 연결하고 있는데 각질층의 세포간 지질도 벽돌 벽처럼 각질세포 사이를 채우고 있다.

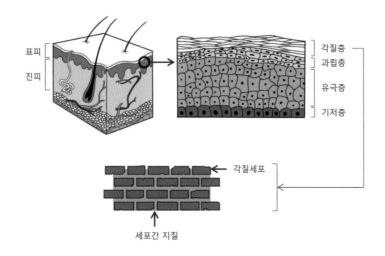

건강한 피부는 pH 5.5 정도의 산성 지방 막으로 덮여 있어 수분 증발을 막고 세균, 박테리아, 곰팡이 번식을 억제할 수 있다. 피부 당김과 발진은 피부 건조와 각질층 손상이 나타난 결과이며 이들은 각질층의 수분 함량과 산성도와 밀접한 관련이 있다. 피부가 수분을 유지하기 위해서는 물을 잘 흡수하는 천연보습인자와 수분 증발을 막아주는 소수성의 지질이 필요하다. 천연보습인자는 아미노산(40%), 이

온(18%), 피롤리돈카르복실산(12%), 젖산(12%), 설탕(8.5%), 요소(7%)로 구성된 물질로 수분을 각질층에 붙잡아 두는 역할을 한다.

정상 각질세포는 평상시나 목욕할 때 최외곽부터 서서히 떨어져 나가지만 목욕할 나오는 '때'는 피부로부터 분리된 각질이다. 각질세포를 연결하는 단백질이 잘 분해되지 않거나 피부가 건조해지면 단단한 층이 덩어리째 떨어져 나가 각질층을 손상시켜 발진이 생기게 된다. 각질층 탈락에 관여하는 단백질 분해 효소 역시 수분과 산성도에 따라 그 활성이 달라진다. 즉, 수분과 산성도는 각질층의 구조, 지질, 천연보습인자의 결과물인 동시에 각질층의 구조에 영향을 미치는 인자이기도 하다.

pH는 9~10 정도인 비누로 목욕을 하면 피부의 pH는 높아지고 각질층의 지질과 유기산이 제거되기 때문에 피부는 건조해진다. 건강한 피부는 빠르게 정상 상태를 회복하지만 민감한 피부는 낮은 수분과 높은 pH가 각질층에 영향을 미쳐 비정상적인 각질층 탈리가 발생할 수 있다. 피부를 위해서는 중성 pH, 자극이 적은 계면활성제 그리고 보습제가 많이 포함된 샤워젤을 사용하는 것이 좋다. 물에 뜨는 비누라고 알려진 D사의 비누 성분을 보면 1) 비누 성분인 지방산염, 2) 피부 자극이 적은 음이온 계면활성제(lauroyl isethionate, olefin sulfonate), 3) 피부 자극이 아주 적은 양쪽성 계면활성제, betaine, 4) pH를 낮추고 보습 작용을 하는 지방산 5) 빌더 등으로 구성되어 있다. 일반적으로 비누 성분인 지방산 염을 포함하지만 저자극성 계면활성제와 보습제가 많다는 것을 알 수 있다.

피부 각질층의 수분과 pH는 각질층의 구조, 지질, 천연보습인자의 결과물인 동시에 각질층의 구조에 영향을 주는 인자라고 했다. 이 말 속에 피부관리의 노하우가 숨겨져 있다. 자극이 적은 세정제를 사용하고 세정 후에 약산성의 보습제를 잔뜩 발라주면 피부관리에 큰 도움이 된다. 글리세린, 식물성 오일 같은 일반적인 보습제 외에 인공 세라마이드가 함유된 제품을 사용하면 더 좋은 효과를 낼 수 있다.

주방용 세제에는 지방산에 에틸렌 옥사이드를 부가한 후 황산화한 AES(Fatty Alcohol ether sulfate)나 APG(Alkyl poly glucoside)가 주로 사용된다. 특히 당에서 유도된 APG는 피부 자극과 독성이 매우 적은 계면활성제이다. 저자극성 계면활성제가 주방용 세제에 사용되고 있지만 고무 장갑을 착용하지 않고 설거지를 자주 한다면 주부습진에 걸릴 수 있다. 하지만 요즘 고무장갑을 착용하지 않고 맨손으로 설거지를 하는 사람은 거의 없다. 맨손으로 설거지를 자주해서 주부습진을 걱정하던 시대는 오래전 이야기이다. 오히려 습기가 찬 고무 장갑을 건조하지 않고 그냥 사용하기 때문에 주부습진에 걸린다.

생활 속의 지혜 뒤에는 과학이 숨어 있다
녹 제거와 부식방지제는 손바닥 뒤집기이다

경험에서 얻은 지식이 복잡한 이론보다 빠르고 효과적일 때가 있다. 대표적인 예가 한의학이다. 한의학은 약재나 침의 원리를 규명한 뒤 치료에 적용한 의학기술이 아니다. 한의학은 현대의학이 나타나기 훨씬 이전부터 뿌리, 잎사귀, 벌레를 섭취하면서 얻은 경험과 신체여기 저기를 자극해 수집한 수천 년의 경험을 집대성한 것이다. 현대과학이 발전한 최근에야 마취제를 사용하지 않고 침으로만 외과 수술이 가능한 이유는 바이오 모르핀의 분비 때문인 것으로 밝혀졌다.

녹슨 제품, 각종 손때는 김 빠진 콜라나 레몬(껍질), 귤(껍질), 식초를 사용하면 말끔하게 제거된다고 한다. 변색된 알루미늄 냄비는 사과 껍질을 넣어 끓이고, 새로 산 쇠 냄비는 감 껍질을 넣어 끓이며, 크롬으로 된 싱크대나 욕조는 버터를 이용하면 마법같이 깨끗해진다고 한다. 생활 속의 지혜라고 알려진 것들 중에는 유독 세정과 관련된 내용이 많은데 아마도 귀찮고 힘든 생활 노동의 대부분이 청소와 밀접한 관련이 있고 특히 찌든 때와 녹 제거가 힘들기 때문인 것으로 보인다. 그런데 녹 제거에 언급된 재료의 면면을 살펴보면 대부분 유기산이 포함되어 있다. 유기산은 어떻게 녹을 제거하는 것일까?

콜라의 주성분은 설탕, 구연산, 카페인, 탄산 등인데 천연세정제로 알려진 구연산에 주목해 보면 왜 김 빠진 콜라가 녹을 잘 제거하는 지 알 수 있다. 유기산에는 구연산(Citric acid) 이외에도 주석산(Tartaric acid), 사과산(Malic acid), 글리콜산(Glycolic acid), 젖산(Lactic acid), 초산 등이 있다. 카복실산(Carboxylic acid, -COOH) 3개와 수산화기(-OH) 1개를 가지고 있는 구연산은 얼굴을 찡그릴 정도의 신맛이 나는 물질로 대부분의 과일에 조금씩 들어 있다. 특히 오렌지, 자몽, 레몬, 라임 같은 감귤류에 많고 레몬과 라임에는 건조 중량의 8%나 들어 있다. 구연산에 있는 카복실산의 pKa는 각각 2.9, 4.3, 5.2이다.

유기산의 종류 및 화학 구조

여기서 잠깐, pKa를 정복하고 가자. pKa란 pH에 따른 산의 해리 지표인데 pKa=-logKa이다. Ka는 RCOOH가 RCOO⁻ 와 H⁺ 로 해리될 때 평형상수 값으로 Ka=([RCOO⁻][H⁺])/[RCOOH]이다. 흔히 페하(potential of hydrogen)라고 부르는 pH는 -log[H⁺]이므로 pH=pKa+log([RCOO⁻]/[RCOOH])로 간단하게 표현될 수 있다. 이 식을 이용하면 특정 pH에서 유기산의 해리 정도를 알 수 있는데 pH 3에서 pKa가 3인 유기산의 해리 정도는 3=3+log([RCOO⁻]/[RCOOH])이므로 [RCOO⁻]/[RCOOH]=1이 된다. 즉 산 RCOOH의 딱 절반만 RCOO⁻로 해리된다. 당연한 이야기겠지만 pH가 3을 초과할 경우 유기산은 반 이상 해리되고 3 이하이면 반 이하가 해리된다.

카복실산은 Cu^{2+}, Zn^{2+}, Cr^{2+} 같은 2가 금속이온, Fe^{3+}, Al^{3+} 등 3가 금속이온과 결합하여 유기산-금속이온 복합체(Metal Complex)를 형성한다. 그래서 비누인 $RCOO^-Na^+$ 는 Ca^{2+} 이온이 있는 센물에서 $RCOO^-$ Ca^{2+} ^-OOCR로 변하여 기름 덩어리가 된다. 카복실산이 금속이온과 결합하는 능력은 pKa와 pH에 의존하는데 수용액의 pH가 카복실산의 pKa보다 너무 낮거나 높으면 유기산은 금속이온과 잘 결합하지 않는다. pH가 pKa보다 너무 낮으면 유기산이 해리되지 않아 금속이온과 결합할 수 없고 너무 높으면 유기산은 금속이온과 결합하지 않은 채 해리 상태를 유지하려 한다. 따라서 수용액의 pH가 pKa보다 조금 높을 때 금속이온과 가장 잘 결합할 수 있다. 구연산의 pKa는 2.9, 4.3, 5.2이므로 강알카리를 제외한 대부분의 pH에서 금속이온과 결합할 수 있다. 특히 구연산에는 카복실산이 세 개나 있기 때문에 팔이 하나인 초산, 젖산, 글리콜산은 물론 팔이 두 개인 주석산, 사과산보다 더 효과적으로 금속이온과 결합한다. 유기산이 입자 표면에 흡착하면 입자의 표면 전하가 강해지고 입자간 반발력이 강해져 고체나 액체 입자를 분산 또는 유화시키는 기능도 한다. 그래서 구연산이 많은 콜라, 레몬, 귤 껍질은 '녹'도 잘 제거하고 '때'도 잘 제거한다.

구연산에 염기인 베이킹 소다($NaHCO_3$)를 섞으면 구연산 자체보다 세정력은 더 좋아진다. 구연산 수용액의 pH는 3.0정도이므로 세 개의 카복실산 중 pKa가 2.9인 카복실산만 반 정도 해리되어 있다. 그러나 구연산 1당량에 베이킹 소다를 3 당량을 섞으면 수용액의 pH는

pKa 2.9, 4.3, 5.2보다 높아져 대부분의 유기산이 해리되어 금속이온을 붙잡고 입자를 분산하는 능력이 좋아진다. 구연산과 베이킹 소다가 반응하는 동안 배출되는 이산화탄소는 세정효과를 배가시킬 수도 있다.

갈릭산(Gallic acid)

포도당

탄닌산

감, 도토리, 녹차 등에는 떫은 맛을 내는 탄닌산이 들어 있다. 탄닌산은 포도당과 여러 개의 갈릭산이 결합한 구조이다. pKa가 6인 탄닌산은 그 자체만으로도 금속이온과 결합할 수 있지만 가수분해되면 pKa 4.5와 10인 갈릭산으로 변하므로 금속이온과 더 잘 결합한다. 그래서 새로 산 쇠 냄비는 쇠 찌꺼기를 제거하기 위해 감 껍질을 넣고 끓이는 것으로 보인다. 그런데 굳이 녹 제거에 레몬 껍질, 알루미늄 냄비에 사과 껍질, 쇠 냄비에 감 껍질만 사용할 이유는 없다. 유기산 수용액의 pH만 살짝 조정해 주면 유기산은 금속종류와 관계없이 녹을 잘 제거할 수 있다.

비타민 C

과일 껍질이 녹을 잘 제거할 수 있는 또 다른 이유는 과일 껍질에 포함된 '비타민 C(Ascorbic acid)' 때문이다. '비타민 C'는 주로 활성산소를 제거하는 역할을 하지만 pKa가 4.1인 유기산이며 금속이온과 결합할 수 있다. 다만 '비타민 C'는 열이나 활성산소에 의해 구조가 바뀌게 되면 금속과 결합하는 능력을 잃어버린다.

EDTA

구연산은 원자폭탄을 개발하기 위한 맨해튼 프로젝트에서 란탄족 분리에 시도되었을 정도로 여러 용도로 광범위하게 사용되었다. 그러나 지금은 구연산보다 능력이 탁월한 EDTA가 상업적으로 주로 사용된다. 카복실산이 4개인 EDTA는 pKa가 2.0, 2.7, 6.2, 10.3으로 모든 pH 영역에 걸쳐 있고 전자를 공여할 수 있는 여분의 질소가 있기 때문에 금속이온과 가장 잘 결합할 수 있는 합성 유기산이다. EDTA는 섬유 염색 공정의 색상 유지, 펄프 표백공정의 연쇄 반응 제어, 세제의 빌더, 보일러 배관 청관제, 식품 변색 방지용 첨가제 등 다양한 용도로 사용되고 있다. EDTA의 상업적 이용은 모두 강력한 금속이온 결합 능력에서 비롯된다.

카복실산은 금속이온과 결합하여 녹을 제거하지만 반대로 금속 표면을 보호하는 기능도 한다. 손바닥과 손등은 손의 앞쪽과 뒤쪽이지만 서로 마주 볼 수 없어 한 몸이 아닌 듯 보인다. 마찬가지로 녹을 제거하는 능력과 금속 표면을 보호하는 기능은 서로 정반대인 것으로 보이지만 카복실산이 금속과 결합한다는 점은 동일하다. 금속과 결합한 다음, 금속 표면에 남아 있으면 부식방지제이고 용액에 녹아 나오면 녹 제거제이다. pKa가 4.8~4.9인 지방산(RCOOH)에도 그 원리는 그대로 적용된다. R이 CH_3인 초산은 2가 금속이온과 결합한 후 수용액에 녹기 때문에 녹을 제거할 수 있다. 그러나 사슬이 긴 지방산은 금속과 결합하지만 수용액에 잘 녹지 않아 부식방지제로 작용한다. 그래서 부식방지제와 녹 제거 기능은 서로 '손바닥 뒤집기'라고 한다.

크롬 욕조나 싱크대는 시간이 지나면 녹이 슬어 광택이 나지 않고 지저분해 보이는데 버터를 솔에 묻혀 닦으면 녹이 제거되고 광택이 난다. 버터 유지방의 일부는 지방산으로 유리되어 있다. 우유 지방산 은 크롬이온과 결합해 문지르면 떨어져 나오기 때문에 욕조나 싱크 대의 녹이 제거된다. 게다가 우유 지방으로 코팅된 크롬은 번쩍번쩍 광이 난다.

유리창을 깨끗이 닦는 방법은 지금까지 설명한 유기산의 작용과 는 다르다. 유리창에 묻은 때는 염기 세정제나 유기산을 사용하면 쉽 게 제거된다. 깨끗하게 닦았다고 생각했지만 마르고 나면 유리창 군 데 군데 얼룩이 보인다. 기포에는 계면활성제가 들어 있고 수돗물에 는 유무기 불순물이 많다. 수건으로 남은 물기를 흡수시켜 물속에 잔 류하고 있는 계면활성제와 불순물을 깨끗이 제거해야만 얼룩이 남지 않는다. 물을 분무하여 유리창을 닦을 때도 신문지나 수건이 물과 함 께 유무기 불순물을 제거하기 때문에 유리창이 깨끗해지는 것이다.

술도 많이 마시면
주량이 늘어날까?

　시원하게 넘어가는 맥주, 월급쟁이 애환을 달래 주는 소주, 크리스탈의 울림이 있는 와인, 스트레이트 한잔으로 잠을 청하는 위스키를 비롯, 중국 백주, 일본 사케, 한국 막걸리까지 술은 종류는 어마어마하게 많다. 술의 종류만큼 술을 빚는 원료도 다양하지만 당류를 발효하여 에탄올을 만드는 기본적인 반응은 동일하다. 화학식으로 표현하면 포도당 1분자가 발효되어 2분자의 에탄올과 2분자의 이산화탄소가 생성된다. 포도당의 분자량은 180, 에탄올의 분자량은 46이므로 포도당 180g은 92g의 에탄올을 생성할 수 있다. 즉 포도당이 완전 발효되면 무게의 51%만큼 에탄올이 생성된다.

$$C_6H_{12}O_6(\text{포도당}) \rightarrow 2CH_3CH_2OH(\text{에탄올}) + 2CO_2$$

술을 빚을 때 에탄올의 농도는 전분에 의해 결정된다. 포도당 1몰이 에탄올 2몰을 생성하는 반응이므로 포도당의 축합물인 전분이 많을수록 에탄올의 농도는 높아진다. 다만, 효모는 에탄올에 의해 성장이 저해되고 일정 알코올 농도 이상에서 죽게 되므로 발효로 만든 술의 도수는 17도를 넘기 힘들다. 대표적 발효주인 와인, 사케의 알코올 도수는 12~16도이고 맥주는 2~6도, 막걸리는 4~6도 정도이다. 위스키, 보드카, 브랜디, 백주의 도수가 25~55도나 되는 것은 증류 과정을 통해 알코올을 농축했기 때문이다. 여기서 잠깐, 알코올 도수란 에탄올 부피%이다. 물의 밀도는 1g/cc이고 에탄올의 밀도는 0.79g/cc이므로 14도인 술의 에탄올 농도는 11wt%이다.

발효가 진행되는 동안 여러 가지 부산물이 생성되고 효모가 증식할 때 포도당이 소모되므로 실제로는 포도당 한 분자가 두 분자의 에탄올을 만들지 못한다. 포도당의 에탄올 전환 수율은 90% 정도이므로 브릭스 당도(wt%라고 생각해도 된다) 25인 포도를 발효하면 25x0.51(화학식)×0.9(전환 수율)/0.79(wt%를 vol%로 전환)=14.5도인 와인을 만들 수 있다. 참고로 식용 포도의 당도는 보통 13~14브릭스이고 프리미엄 포도가 17브릭스 정도지만 와인용 포도는 25브릭스로 너무 달아서 그냥 먹기는 힘들다.

사케, 맥주, 막걸리를 만들 때는 곡물에 물을 첨가하여 원하는 농도로 맞춘 다음 발효를 진행한다. 그래서 맥주, 사케, 막걸리 맛은 원료 종류와 발효기술만큼 물에 의해 좌우된다. 물맛에 따라 술맛도 달라진다. 일본의 수출 중단에 대한 맞대응으로 마트 진열대에서 일본 맥주를 찾기는 어렵지만 2019년 상반기까지 수입맥주 1위를 차지했던 아사히 맥주는 중국에서 제조된 것이다. 맥주의 대부분을 차지하는 물의 원천이 다르기 때문에 일본에서 마시는 아사히 맥주와 국내에서 판매되는 아사히 맥주는 엄연히 다른 제품이다.

술 중에서 가장 특이한 술을 꼽으라면 단연 한국의 희석식 소주가 아닐까 한다. 쌀, 돼지감자 등으로 발효한 에탄올을 95% 주정으로 깨끗하게 농축한 뒤, 다시 물에 희석하고 각종 감미료를 첨가하면 우리가 마시는 17~25도의 소주가 된다. 소주에 포함된 물은 발효할 때 있었던 물이 아니다. 대부분의 물은 소주공장에서 95% 주정을 희석할 때 넣은 것이기에 소주의 맛도 물맛이 좌우한다. 소주와 달리 위스키, 백주, 보드카, 안동소주 등 증류주는 알코올을 농축할 때 불순물을 제거하기보다 향을 유지하기 위해 노력한다. 불순물은 술을 숙성하는 과정에서 다른 물질로 전환되거나 통에 흡착되어 제거된다.

소주의 깨끗한 맛은 사실 무미 건조한 맛이다. 위스키에 얼음이나 물을 첨가하여 즐기기도 하지만 95% 주정을 물에 희석하여 제조하는 술은 흔치 않다. 그러다 보니 주정이 석유로부터 만들어진다는 소문이 있어 왔다. 물론 사우디아라비아를 비롯한 몇몇 나라에서 에틸렌을 수화하여 합성 에탄올을 생산하고 있고 한국도 한때 합성 에탄올을 생산했었다. 실제로 박정희 대통령 시절, 합성 에탄올의 순도가 주정보다 좋기 때문에 합성 에탄올로 소주를 만들자는 제안이 있었다고 한다. 하지만 발효 에탄올은 수천 년 음주 문화를 통해 안전성이 입증된 반면, 합성 에탄올의 불순물은 자칫 독극물이 될 수도 있다. 게다가 미국, 브라질의 발효 에탄올은 합성 에탄올보다 훨씬 저렴하여 공업용에도 발효 에탄올이 사용된다. 따라서 위험 부담을 감수하며 비싼 합성 에탄올로 소주를 만들 이유는 없다.

공업용 에탄올의 용도는 대부분 자동차연료 첨가제이지만 부동액, 소독액, 초산에틸의 원료로도 사용된다. 미국은 자동차연료의 옥탄가 향상용 첨가제, MTBE(Methyl Tertiary Butyl Ether) 사용을 금지하고 연료에 에탄올을 혼합하는 것을 의무화하고 있다. 전세계적으로 유럽 29개국, 북남미 13개국, 아시아-태평양 12개국, 아프리카와 인도양 11개국 등 많은 나라에서 자동차연료에 에탄올을 혼합하고 있다. 사탕수수, 옥수수 등 식물 자원이 풍부한 미국, 브라질 등에서 생산된 발효 에탄올은 전 세계로 수출되어 공업용 에탄올로 사용되고 있다.

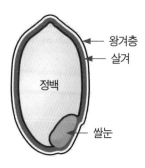

왕겨층

살겨

정백

쌀눈

사케는 쌀을 발효한 일본의 전통술이다. 왕겨층을 벗겨 낸 현미는 어린 싹과 뿌리가 나오는 쌀눈과 그 영양 공급원이 될 백미로 구성된다. 현미를 100으로 보았을 때 백미가 차지하는 비율은 92% 정도이다. 쌀눈, 쌀겨가 현미에서 차지하는 비율이 약 8%이고 이 부분을 완전히 깎아 내면 정백미가 된다. 현미의 외곽층 8%의 10분의 1인 0.8%를 깎아 내면 1분도라고 하고 흔히 먹는 7분도미는 7x0.8=5.6%가 깎여 나간 쌀이다. 백미는 탄수화물 91%과 단백질 8%로 구성되지만 쌀눈에는 비타민, 지질, 비타민 B, 쌀겨에는 섬유질과 식물성 지방 등의 영양소가 풍부하기 때문에 백미밥보다는 현미밥이 몸에 좋다.

여러 가지 영양 성분이 풍부한 현미로 술을 빚으면 맛이 뛰어날 것 같겠지만 술에 잡맛이 나기 때문에 겉면을 깎아 낸 쌀의 중앙 부위로 발효한 술이 사케다. 현미는 말할 것도 없고 정백미도 쌀의 중심부보다는 바깥쪽으로 갈수록 단백질과 지방 함량이 늘어난다. 따라서 잡내가 날 수 있는 백미의 바깥쪽 부분을 깎아내면 사케의 맛은 깔끔해진다. '맛이 풍부하다'는 말의 대칭어는 '맛이 깔끔하다'이다. 풍부한 맛을 내기 위해서는 다양한 성분이 필요하지만 잘못하면 잡맛이 나고 깔끔한 맛을 내기 위해서는 주성분에 치중해야 하지만 잘못하면 맛이 밋밋해진다. 사케는 도정율이 50% 이상이면(남은 양이 50% 이하) 다이긴죠, 40~50% 긴죠, 30~40% 혼조죠, 30% 이상 후츠슈라고 부르며 닷사이는 현미의 77%를 깎아 낸 23%만으로 담근 술이다. 현미는 50% 이상 도정하면 쌀알이 쉬 부서지므로 한 번에 도정하지 않고 도정과 냉각을 거듭하여 도정하는데 수일이 걸리기도 한다.

세상에서 가장 다양한 맛을 가진 술이라면 단연코 와인이다. 와인은 사케처럼 백미 중심부만으로 술을 빚는 것이 아니라 포도 전체를 발효하여 술을 빚고 포도 품종-카베르네 쇼비뇽, 메를로, 피노누아, 쉬라즈, 네비올로, 산지오베제, 말벡, 템프라니요-은 물론 토양, 일조량에 따라 맛의 차이가 크기 때문이다. 특히 일조량이 많고 기후가 일정한 신대륙과 달리 가뭄, 홍수, 일조량 등 기상조건의 변화가 큰 유럽 와인은 수확연도에 따라 맛이 확연히 달라진다. 그래서 유럽 와인을 고를 때는 품종은 물론 와이너리, 수확 연도(Vintage)를 잘 고려해야 한다.

와인은 당분 함량에 따라 '드라이' 혹은 '스위트'로 구분되는데 '드라이' 와인은 0.1~0.2%, '스위트' 와인은 수%의 발효되지 않은 과당과 포도당을 포함하고 있다. 와인에는 물, 에탄올, 당 이외에 유기산, 글리세린, 아미노산, 폴리페놀, 미네랄, 휘발성 에스터, 고급 알코올이 들어 있어 영양과 풍미가 뛰어나다. 특히 유기산과 폴리페놀을 많이 함유하고 있는데 주석산, 사과산을 비롯, 구연산, 젖산, 호박산, 초산 등 유기산이 풍부해 와인의 pH는 3~4이고 신맛이 난다.

동물성 지방을 많이 섭취하는 프랑스 사람들이 심장질환에 잘 걸리지 않는 '프렌치 패러독스'를 설명할 때 와인에 풍부하게 함유된 폴리페놀이 자주 언급된다. 폴리페놀은 자외선 등 외부의 공격으로부터 식물 스스로를 보호하는 방어물질로서 인체 내에서 활성 산소를 제거하고 면역을 증대시키는 것으로 알려져 있다. 폴리페놀은 다양한 식물종에 분포되어 있어 통곡식으로 발효되는 맥주나 막걸리에도 포함되어 있지만 증류주에는 거의 남아 있지 않다.

레드 와인 맛의 전체적인 구조를 결정하는 탄닌은 대표적인 폴리페놀이다. 탄닌은 화학명이 아닌 가죽을 물들이는 물질의 총칭인데 와인에 들어 있는 탄닌은 '포도 탄닌'과 '오크통 추출 탄닌' 두 종류이다. '오크통 추출 탄닌'은 유기산을 설명할 때 언급된 갈릭산(Gallic acid) 축합물 형태이고 오크통에서 숙성되는 위스키에도 들어 있다.

폴리페놀은 두 개 이상의 페놀 분자가 공명 구조로 연결되어 있어 단일 페놀계보다 활성 산소 제거 능력이 뛰어나다. 플라스틱에 사용되는 페놀계 산화방지제는 고작 100년의 역사를 가지고 있지만 자연은 오래전부터 훨씬 강력한 폴리페놀을 스스로 합성했다는 사실이 놀랍다. 와인에는 폴리페놀이 아닌 하이드록시 시나믹산(Hydroxycinnaic acid)과 같은 항산화 물질이 들어 있는데 페놀기와 π의 결합으로 연결된 탄소가 공명 구조를 가지고 있다는 점에서 활성 산소 제거 원리는 폴리페놀과 동일하다.

하이드록시 시나믹산　　　　　레스베라트롤

　와인에 들어 있는 폴리페놀은 '오크통 추출 탄닌', 레스베라트롤 (resveratrol), 안토시아닌, 카테킨(Catechin), '포도 탄닌' 등이다. 레스베라트롤은 항암, 항산화 작용뿐 아니라 콜레스테롤 수치를 낮춰주고 항바이러스, 소염, 항노화 작용을 하는 와인의 대표적인 폴리페놀이다. 와인의 폴리페놀 중 안토시아닌과 탄닌에 대해서 좀 더 들어가 보자. 안토시아닌은 색을 띠게 하는 물질로 pH에 따라 빨강, 보라, 파랑 또는 검은 색이 되는데 pH 3~4인 와인에서는 붉은 색을 띤다. 블루베리, 로즈 베리, 검은 쌀, 검은 콩은 물론 가을철 아름다운 자태의 단풍색 일부도 안토시아닌에서 유래된다. 색을 띠는 식물은 수십에서 수백 ppm의 안토시아닌을 포함하고 있고 포도의 대표적인 안토시아닌은 글루코스와 말비딘이 결합하고 있는 Malvidin-3-glucoside이다.

안토시아닌-Malvidin-3-glucoside

카테킨

    카테킨의 구조를 보면 안토시아닌의 중심체와 닮아 있다. '포도탄닌'은 카테킨의 축합물로 분자량 12,000 이상의 거대 분자이다. 포도에 있는 폴리페놀의 상당 부분이 카테킨이나 갈로카테킨의 축합물로 존재하는 '포도탄닌'이다. 레스베라톨, 안토시아닌, 카테킨, 탄닌의 구조를 보면 왼쪽 페놀 구조와 오른쪽의 페놀 구조가 이중결합 또는 비공유 전자쌍을 가진 산소로 연결되어 있다. 그래서 폴리페놀은 두개 이상의 페놀 분자가 서로 전자를 주고 받을 수 있도록 연결되어 있는 물질이라고 한다. 복잡한 화학 명칭과 화학 구조를 굳이 이해할 필요는 없고 와인에는 다양한 종류의 폴리페놀이 있다는 것만 알아도 충분하다.

포도 탄닌

술 한 병의 열량은 생각보다 많다. 술 한 병의 열량은 맥주 236kcal (500ml), 소주 408kcal(360ml), 막걸리 372 kcal(750ml) 정도로 밥 한 공기 272kcal(200ml)과 비슷하거나 조금 많다. 물론 알코올의 열량은 단백질, 지방, 탄수화물과 달리 몸에 축적되지 않고 대부분 소비되는 에너지다. 알코올을 섭취하면 수%는 소변, 땀, 호흡을 통해 배출되고 위장에서 소량 분해되지만 소장에서 대부분 흡수되어 간에서 분해된다. 알코올은 간에서 우선 탈수소화 효소, ADH에 의해 아세트알데히드(CH_3COH)로 전환되고 아세트알데히드 탈수소화 효소, ADLH에 의해 무독성의 초산으로 변환된다. 초산은 아세틸-CoA를 거쳐 에너지로 전환되거나, 콜레스테롤이나 지방산 합성에 사용된다.

술을 잘 못 마시는 사람도 술자리가 늘어나면 본인도 모르게 주량이 늘어난다고 느낀다. 그래서 선배들은 '주량은 사회 경력과 정신력에 비례한다'라고 후배들에게 강변한다. 술을 자주 마시면 주량이 늘어난다고 느끼는 이유는 ADH외에 알코올을 아세트알데히드로 전환하는 제2의 경로인 마이크로솜 에탄올 산화 체계 MEOS(Microsomal ethanol oxidizing system)가 우리 몸에 존재하기 때문이다. MEOS경로는 혈액내의 알코올 농도가 높을 때나 술을 자주 마실 때 작동되고 ADH와 달리 술을 자주, 많이 마시면 더욱 활성화된다.

아세트알데히드가 몸에 축적되면 얼굴이 붉어지고 메스꺼움을 느끼고 숙취가 발생한다. 알코올 분해는 아세트알데히드를 무해한 초산으로 전환해야 끝이 나므로 주량을 결정하는 것은 결국 몸 속의 ALDH의 분비 양이다. MEOS 경로에 의해 알코올을 아세트알데히드로 전환하는 양은 증가하지만 ALDH는 추가적으로 활성화되지 않으므로 진정한 의미의 주량은 태어나면서 유전자에 의해 결정된다. 아세트알데히드는 DNA를 손상시키고 근육발달에 지장을 주는 맹독성 1급 발암물질로 간염, 간경화, 간암 등 간질환과 함께 식도암 고혈압,

협심증, 심근경색, 뇌졸중 등의 질병을 일으킬 수 있다. 하필 알코올 대사 중간 물질이 맹독성 아세트알데히드인지 이해가 되지 않는다. 술을 마신 역사가 일천해 인간의 DNA가 아직 새로운 대사경로를 찾지 못했거나 인간은 술을 마시지 못하도록 설계되어 있음에도 술을 마시고 즐기는 건지도 모르겠다. 사회적 관계 형성과 스트레스 해소에 쪼~금 도움이 되는 술은 적당히 마시고, 물을 많이 마시고, 안주로 영양 섭취도 충분히 하고, 술을 마신 후에는 푹 쉬는 게 좋다.

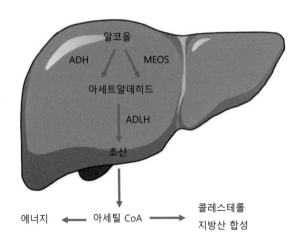

12

맹독성 보톡스 한 방 하실래요?
실수는 과학적 발견의 어머니이다

　맹독성 보톡스 한 방 하실래요? 이제 보톡스는 연예인들만 사용하는 주름개선 시술이 아니다. 웬만한 사람이면 보톡스 시술을 직접 받지 않았다 하더라도 한 번쯤 생각해 보았을 정도로 일반화되었다. 얕은 주름을 없애 주고 사각턱을 갸름하게 해 주는 보톡스는 젊고 아름답게 살고자 하는 인간의 욕망과 맞물려 현대 미용성형에서 없어서는 안 될 물질이 되었다. 중국 및 동남아에서 의료 관광을 올 정도로 광범위한 성형 인프라를 갖추고 있는 한국은 보톡스로 알려진 보툴리눔 톡신을 생산하는 회사가 유난히 많은 것으로도 유명하다. 보톡스라는 상품명을 만든, 세계 1위 미국 앨러건을 비롯, 프랑스, 독일, 중국 등 손가락에 꼽힐 정도의 회사가 보툴리눔 톡신을 생산하고 있지만 한국은 메디톡스를 비롯, 휴젤, 대웅제약, 휴온스 외에도 몇 개 회사가 시판을 준비 중이며 더 많은 회사가 균주를 확보했다고 한다. 나중에 말하겠지만 보톡스는 매우 위험한 독극물이기 때문에 우리나라의 많은 회사가 균주를 확보하고 생산하고 있다는 사실이 살짝 두렵기는 하다.

소시지의 라틴어인 보툴루스(Botulus)에서 유래한 *클로스트리디움 보툴리눔(Clostridium Botulinum)* 균은 부패한 소시지나 고기를 먹은 후 생기는 식중독의 원인 균이다. 보툴리눔 균은 토양이나 부패한 고기에서 흔하게 발견되며 산소가 없는 조건, 산성에서 잘 성장하고 세포가 사멸할 때 독소를 배출한다. 보툴리눔 독소의 단백질 항원은 7가지(A, B, C, D, E, F 및 G)인데 사람에게 문제를 일으키는 유형은 주로 A와 B형이고 드물게 E와 F형의 중독 사례가 보고되며 나머지 유형은 동물에게만 독성을 일으킨다. 참고로 C형을 C1과 C2로 분리하여 보툴리눔 독소를 총 8가지로 분류하기도 한다. 그러나 보툴리눔 독소의 일반적인 유형은 A, B형이고 상업적으로도 이 두 가지 유형을 이용하고 있다. 보툴리눔 독소는 신경말단에 접합하는 분자량 100,000인 사슬과 및 신경전달 물질인 아세틸콜린의 분비를 차단하는 분자량 50,000인 사슬이 다이설파이드(-S-S-) 결합으로 연결된 분자량 150,000인 단백질이다.

보툴리눔 톡신은 말초 신경과 뇌 신경말단에 비가역적으로 결합하여 신경전달물질인 아세틸콜린의 분비를 억제하여 근육 마비 및 신경 장애를 일으킨다. 이로 인해 이중 착시, 흐릿한 시야, 눈꺼풀 처짐, 발음 및 발성 장애, 근육 마비 등의 증상을 유발될 수 있고 심하면 호흡근, 흉근 마비로 인한 호흡 장애로 사망에 이를 수도 있다. 화학물질의 독성은 반수 치사량(Lethal Dose 50, LD50)으로 표시하는데 피실험동물에 독성물질을 투여할 때 피실험동물의 절반이 죽게 되는 양을 mg(독성물질)/kg(피실험동물)으로 나타낸다. 생쥐로 실험한 보툴리눔 독소의 반수 치사량은 주사할 경우 1.3~2.1ng/kg, 흡입할 경우 10~13ng/kg, 섭취할 경우 1μg/kg이다. 대표적 독극물인 복어독, 테트로도톡신의 반수 치사량은 주사할 경우 8μg/kg, 섭취할 경우 334μg/kg이고 청산가리는 섭취할 경우 8.5mg/kg이다. 세가지 독극물의 경구 독성을 비교해 보면 보툴리눔 독소는 복어독보다 334배 강하고 청산가리보다 8,500배 독하다. 보툴리눔 독소의 주사독성은 경구 독성보다 훨씬 치명적이며 복어독보다 4,700배 더 강력하다. 성인 평균 몸무게 70kg, 보툴리눔 독소 주사 독성 1.7ng/kg을 가정하면 1.2g의 보툴리눔 독소는 500만명을 살상할 수 있는 양이다. 그래서 보툴리눔 균은 탄저균, 에볼라균, 메르스균 등과 함께 보건복지부 장관이 지정한 36종 고위험 병원체로 관리된다.

자연계에 존재하는 가장 강력한 독소인 보툴리눔 톡신은 1973년 미국 안과의사 앨런 스코트 박사가 극소량 주사로 사시를 교정할 수 있다는 것을 발견하면서 치료약으로 사용될 수 있는 계기가 마련되었다. 1987년 캐나다 의사 부부는 눈꺼풀 떨림 환자를 치료하기 위해 보툴리눔 독소를 주입한 후 독이 퍼져 나가 미간 주름이 없어진다는 사실을 발견하였다. 그 후 미간 주름뿐 아니라 눈가주름, 팔자주름을 펴는데도 보툴리눔 독소의 효과가 입증되면서 1990년대부터 보툴리눔 독소를 미용목적으로 이용하게 되었다. 1991년 미국의 제약회사 앨러건은 앨런 스코트 박사가 설립한 오큘리눔사를 인수하고 보툴리눔 독소를 보톡스라고 명명하면서 보톡스는 보툴리눔 독소를 말하는 일반 명사가 되었다. 아이러니컬하게도 미국은 2차 세계대전 중 생화학 무기를 만들기 위해 보툴리눔균을 배양하고 독소 분리 방법을 개발했다. 불행 중 다행으로 세균전이 벌어진 건 아니지만 이 과정에서 개발한 배양기술은 보툴리눔 독소를 생산하는 기술적 토대가 되었다.

　근육을 마비시키는 작용기전과 마비된 근육을 사용하지 않아 퇴화되는 현상을 이용하여 보톡스는 주름을 개선하고 사각턱을 교정한다. 그래서 근육의 반복적인 움직임에 의해 생긴 이마나 눈 주위의 표정주름을 펴는 시술이 노화나 중력의 영향을 받은 처진 주름을 펴는 시술보다 더 효과적이다. 턱 근육(씹는 근육, 저작근)에 보톡스를 주사하면 저작근이 지나치게 발달해서 생긴 사각턱을 교정하여 얼굴형을 가름하게 한다. 같은 원리로 종아리 근육을 줄여 아름다운 각선미를 연출할 수도 있다. 저작근을 퇴화시키는 사각턱 교정 방법은 시술 후 질긴 음식을 잘 씹지 못하고 음식을 씹을 때 피로를 느끼는 등 불편함이 있을 수 있다.

식약청이 허가한 보톡스의 효능은 미용 목적 이외에 치료제로서도 다양하게 응용된다. 보톡스가 치료할 수 있는 병은 본태성 눈꺼풀 떨림, 근 긴장 이상과 관련된 사시 및 눈꺼풀 경련, 소아 뇌성마비 환자의 근육 강직으로 인한 첨족기형(뇌성마비 환자의 까치발 기형), 원발성 겨드랑이 다한증, 뇌졸중과 관련된 상지 근육강직(골격근이 수축하거나 굳는 증상), 만성편두통, 요실금, 과민성 방광 등이 있다. 최근에는 보톡스가 대머리 치료와 목소리 성형을 넘어 다이어트에도 이용될 수 있다고 하니 만병통치약처럼 보이기도 한다. 보톡스의 이러한 치료 효능은 모두 독소의 근육 마비 작용과 관련되어 있다.

병명을 설명하는 의학 용어가 너무 생소해 무슨 말인지 도대체 모르겠다. 의사 소통은 용어(Terminology)를 서로 이해하고 있다는 것을 전제로 하는데, 의사, 과학자, 법률가 등 전문가들은 일반 사람들은 이해하기 어려운 용어를 사용하여 그들만의 리그를 공고하게 하려는 건 아닌지 모르겠다. 괄호에 일부 설명을 적긴 했지만 사전을 찾아보면 본태성-어떤 병이나 증세가 특별한 까닭 없이 본디의 체질적인 영향 때문에 일어나는 성질, 원발성-다른 원인에 의해서 질병이 생긴 것이 아니라, 그 자체가 질병인 성질이라고 한다.

근육을 일시적으로 마비시키는 방법으로 주름을 펴는 보톡스는 주사 후 4~6개월까지만 효과가 지속되며 일반적으로 안전하지만 부작용이 있을 수 있다. 표정이 부자연스럽거나 눈꺼풀 처짐 현상, 근육약화와 같은 마비 현상과 함께 두통, 독감 유사 증상 및 알레르기 반응을 유발할 수 있다. 소시지 식중독균에서 출발하여 세균전을 준비하기 위해 균 배양과 독소 분리 기술이 개발되고 한 안과 의사의 실수와 원인분석을 통해 보툴리눔 톡신은 미용의 대명사가 되었다. 시작과 끝이 드라마틱하지만 보톡스의 성공 역시 실수로 생긴 현상의 원인을 추적한 과학적 방법론이 적용된 결과이다. 흔히들 '스트레스는 만병의 근원이다'라고 말한다. 형편 없는 손재주로 주사조차 제대로 놓지 못했던 한 연구원이 '본인의 형편 없는 손재주가 실험 쥐를 괴롭혀 나타난 실험 결과'를 분석해 내면서 스트레스는 발견되었다. 손이 서툴다거나 실수가 많다고 실망하지 말자. 실수는 과학적 발견의 어머니이다.

부패한 소시지

보툴리눔균

보툴리눔 톡신, 보톡스

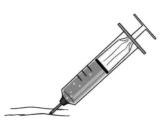

주름 개선 시술

대마초 과연 술보다 더 나쁜 약물일까?
대마초의 규제는 데이터에 근거한 합리적 의사결정이었을까?

마약은 무엇일까? 마약은 중추신경계에 작용하여 미량으로 강력한 진통작용과 환각을 나타내며 중독증상과 습관성이 있는 물질이라고 정의된다. 마약의 정의와 가장 부합하는 기호식품은 술이라고 생각된다. 마약은 술보다 진통과 환각작용이 강하고 습관성과 중독성이 강한 물질일 거라 추측된다. 지나친 음주는 본인의 삶을 망가뜨리고 이웃에게 직간접적인 피해를 주기도 한다. 하지만 적당한 음주는 스트레스를 해소하고 긴장 완화는 물론 사회적 관계 형성에 긍정적인 역할을 하기 때문에 일부 이슬람 국가를 제외하면 대부분 국가에서 음주는 합법이다. 반면 마약은 개인의 삶을 파탄 내고 사회적 폐해가 너무 커서 가까이 하면 안 되는 절대 악으로 규정되고 있다. 그런데 우리 나라에서 절대 악인 대마초는 네덜란드, 캐나다, 미국의 일부 주에서는 술과 비슷한 기호품으로 취급된다. 절대 악과 기호품의 간극은 그 나라의 문화나 사회적 관습의 차이로 치부하기에는 너무 크다. 우리 나라에서 터부시되는 대마초가 왜 어떤 나라에서는 기호품으로 취급되는 것일까?

마약류 관리에 관한 법률을 보면 마약류란 마약, 향정신성의약품, 대마로 분류한다. 마약이란 양귀비(아편), 코카잎에서 추출되는 모든 알칼로이드 및 그와 동일한 화학적 합성품을 말하며 향정신성 의약품은 인간의 중추신경계에 작용하는 것으로 오남용할 경우 인체에 심각한 위해가 있어 대통령령으로 정한 것으로 되어 있다. 대마는 마약류에 포함되지만 마약, 향정신성 의약품과는 별도로 분류되고 있다. 법률 문구에 알칼로이드란 말이 나오다니 어려운 화학 용어를 알아야 하는 법률가들에게 측은지심이 생긴다. 알칼로이드는 질소를 포함하는 염기성 화학물질로 모르핀, 코카인, 니코틴, 카페인 등과 같이 동물 신경계에 영향을 미치며 암, 병원균의 성장을 억제하는 다양한 생리 활성을 가지는 물질이다. 나중에 나오겠지만 대마의 주성분에는 질소가 없어 대마는 알칼로이드에 포함되지 않는다.

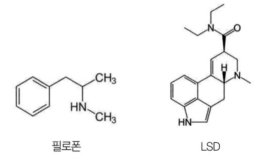

필로폰   LSD

대표적인 향정신성 의약품으로는 2차 대전 당시 조종사의 졸음을 쫓
기 위해 독일, 일본, 영국 등 피아를 가리지 않고 광범위하게 사용된 '필
로폰(히로뽕)'이 있다. 필로폰은 '노동을 사랑한다'는 뜻의 그리스어
'philoponus'에서 따온 것으로 화학명은 메스암페타민(methamphetamine)
이고 도파민의 재흡수 및 분해를 억제하고 도파민 분비를 증가시키는
각성제이다. 필로폰에 중독되면 발한, 불규칙한 심장 박동, 현기증, 경
련과 더불어 불안, 우울증, 정신병, 자살 및 폭력적 행동에 이르게 될
수 있다. 필로폰과 같은 메스암페타민 계열로는 '엑스터시'로 알려진
MDMA(methylene dioxy methamphetamine)와 필로폰과 카페인의
혼합물인 '야바'가 있다. 이외에 LSD(lysergic acid diethylamide)는 세
로토닌 분비에 관여하는 강력한 환각제이고 마릴린 먼로 등 유명인들
이 자살할 때 사용한 수면제인 '바르비탈', 최근 유명인들의 중독으로
유명해진 '프로포폴'도 향정신성 의약품이다.

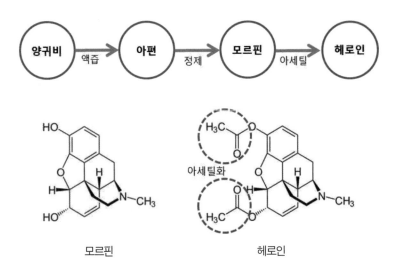

모르핀   헤로인

　식물에서 출발하는 마약류 중 대표적인 마약은 아편, 모르핀, 헤로인, 코카인이다. 아편은 덜 여문 양귀비 열매에서 흘러나온 액즙을 응결시킨 것으로 주성분인 모르핀(Morphine, 약 10%), 코데인(3%), 파파베린 외에도 20여 종의 알칼로이드가 포함되어 있다. 모르핀은 아편을 정제한 것이고 모르핀의 수산화기(-OH)를 아세틸(CH_3CO-)화한 것이 헤로인이다. 1895년 바이엘은 부작용이 심각한 모르핀을 대체하기 위한 안전한 의약품으로 헤로인을 소개하였고 헤로인은 전문의약품으로 규제되기 전, 누구나 구입할 수 있는 일반 의약품으로 판매되었다. 지용성인 헤로인은 모르핀보다 뇌혈관장벽(Blood-Brain Barrier)을 더 잘 통과하고 뇌에서 모르핀으로 분해되기 때문에 모르핀보다 더 강력한 효과를 발휘한다.

엔도르핀(엔돌핀이라고 부르기도 한다)은 인간 및 다른 동물의 중추 신경계와 뇌하수체에서 생성되는 내인성 아편 유사성 신경 펩타이드 호르몬이다. 엔도르핀이란 말은 endogenous morphine의 합성어이며 "체내에서 생성된 모르핀 유사 물질"을 의미하며 체내의 여러 수용체와 결합하여 통증 신호 전달 체계에 관여한다. 아편의 작용기전을 연구하면서 뇌에 아편 수용체(opoid 수용체)가 있다는 것을 밝혀냈고 이 수용체와 결합하는 체내 분비물질을 발견했는데 그것이 엔케팔린(encephalin, 진통제)이다. 엔케팔린은 5개의 아미노산으로 이루어진 짧은 펩타이드인데, 그 후에 좀더 긴 펩타이드인 엔도르핀이 발견되었다. 대표적으로 β-엔도르핀은 31개의 아미노산으로 구성되어 있으며 뮤수용체(μ-opioid receptor)에 결합해 통증 신호 전달을 억제한다. 특이하게도 Leu-엔케팔린의 4개 아미노산 서열, Met-엔케팔린의 5개 아미노산 서열, α-엔도르핀의 16개 아미노산 서열, ɣ-엔도르핀의 17개 아미노산 서열은 모두 β-엔도르핀의 앞부분과 일치한다. 따라서 β-엔도르핀의 앞부분에 있는 4~5개의 아미노산이 아편 수용체와 결합한다는 것을 짐작할 수 있다.

여기서 잠깐, 아미노산과 펩타이드, 단백질에 대해 조금 알아보고 가자. 한 분자 내에 카복실산(-COOH)과 아민(-NH$_2$ 또는 -NH)을 모두 가지고 있는 아미노산은 서로 결합하여 사슬이 긴 펩타이드, 단백질을 만든다. 펩타이드와 단백질은 같은 말이나 일반적으로 분자량이 작으면 펩타이드, 크면 단백질로 불린다. 단백질을 형성하는 아미노산에는

20가지 종류가 있는데, 우리 몸에서 합성할 수 있는 12개(glycine, alanine, arginine, asparagine, aspartate, cysteine, glutamate, glutamine, histidine, proline, serine, tyrosine)와 음식으로 섭취해야만 하는 필수 아미노산 8개(isoleucine, leucine, lysine, tryptophan, valine, methionine, phenylalanine, threonine)로 구성된다. 아미노산은 영어 이름 첫 세 글자의 약자로 표현되지만 구분을 위해 isoleucine은 Ile, asparagine은 Asn, glutamine는 Gln, tryptophan은 Trp로 다르게 불려진다. 아미노산 중 숙취 해소제로 유명해진 아스파라긴산(asparagine), 감미료인 MSG(sodium glutamate), 동물성장 보조제인 라이신(lysine) 등은 비교적 잘 알려져 있다. 아미노산은 곁사슬의 구조에 따라 비극성, 극성, 산성, 염기성으로 분류될 수 있고 아미노산의 종류, 개수, 연결순서에 따라 단백질은 서로 다른 입체 구조와 활성을 가진다.

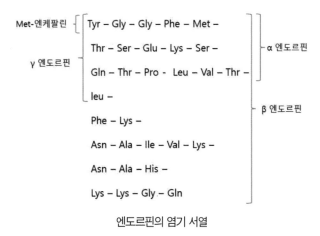

엔도르핀의 염기 서열

모르핀의 작용 기전과 아편 수용체를 연구하다 발견된 까닭에 붙여진 엔도르핀이란 이름은 주객이 전도된 것이다. 아편 수용체는 모르핀이 아닌 엔도르핀과 결합하기 위한 것인데 어쩌다 모르핀이 엔도르핀 수용체와 잘 결합할 수 있었을 뿐이다. 엔도르핀은 사망 직전, 출산, 심각한 부상 상황에서 상상할 수 없는 고통을 극복하기 위해 분비된다. 마라톤이나 격한 운동을 즐기는 스포츠맨이라면 운동 도중 행복감에 도취되는 '러너스 하이'를 경험했을 수 있다. 심박동 수가 분당 120회 이상으로 30분 이상 운동을 할 때나 마라톤 선수들이 코스를 완주하는 동안 러너스 하이를 경험한다고 한다.

코카인

천연 마약인 코카인은 페루 등 남미 일부 지역에서 서식하고 있는 코카 나무에서 추출한 것으로 세르토닌, 노르 에페네프린 및 도파민의 재흡수를 억제함으로써 뇌에서 신경 전달 물질의 농도를 높이는 흥분제이다. '코카 콜라'에는 왜 '코카'라는 이름이 들어가 있을까? 초기 코카콜라에는 진짜 코카인이 함유된 코카잎을 콜라에 넣었기 때문에 Coca라는 이름이 붙여졌다. 물론 1910년부터 코카인을 제거한 코카잎이 사용되지만 원주민을 통해 알려진 코카인은 1922년 규제되기 전까지 광범위하게 사용되었고 지금도 미국에서는 대마초 다음으로 인기 있는 마약이다.

심유와 식용 씨 채취 목적으로 수천 년 전부터 재배된 대마의 꽃, 잎, 새싹을 말린 것이 마리화나(marijuana)라고 불리는 대마초이며 대마 진액을 건조시켜 만든 것이 해시시(hashish)이다. 대마에는 주성분인 THC(tetra-hydro cannabinol)와 CBD(cannabidiol) 이외에도 많은 종류의 카나비노이드(cannabinoids)가 포함되어 있다. 외부물질인 THC 수용체가 뇌에 많은 점은 오랜 의문이었지만 결국 THC와 비슷한 역할을 하는 엔도(Endo) 카나비노이드가 생체내에 있다고 밝혀졌다. 대마의 카나비노이드와 엔도 카나비노이드의 관계는 모르핀과 엔도르핀의 관계와 비슷하다. 단분자 물질인 모르핀과 펩타이드인 엔도르핀과 달리 카나비노이드는 둘 다 단분자 물질이기 때문에 구조 변형을 통해 수많은 합성 카나비노이드가 만들어졌다. THC는 주로 중추신경계에 위치한 CB1 수용체와 면역계 세포에서 발현되는 CB2 수용체에 관여하는 반면 CBD는 CB1, CB2 수용체와 친화력이 낮고 오히려 길항제(antagonist) 역할을 한다고 알려져 있다.

THC   CBD

엔도(Endo) 카나비노이드의 예

대마는 먹었을 때 1시간 이내에, 연기로 흡입했을 때는 수분 내에 약효가 나타나 2시간에서 6시간 동안 지속된다. 대마의 작용은 긴장 완화, 행복감, 감각 인식 강화, 식욕 증진 기능과 함께 부작용으로 단기 기억력 감소, 구강 건조, 운동 능력 장애(운전 능력), 눈의 홍조, 불안, 어린 시절부터 사용하면 정신 능력 감소, 임산부가 사용하면 아기의 행동 장애 등이 나타날 수 있다. 대마 성분은 여러 가지 질병에 대해 치료 효능이 입증되어 우리나라도 2019년 법률이 제정되어 의료 목적으로 대마를 사용할 수 있게 되었다. 대마는 뇌전증, 자폐증, 치매 치료, 항암제의 부작용인 구토 방지, 항암제나 AIDS 약물 치료 후 식욕부진 해소, 녹내장의 안압 감소, 신경 통증완화 등에도 치료 효과를 보인다.

마약류의 위험성을 단순히 반수 치사량으로 말할 수는 없지만 대마초의 주성분인 THC와 CBD의 반수 치사량은 필로폰, 니코틴, 헤로인은 물론 대표적인 소염 진통제인 이부프로펜이나 아스피린보다 높다. 따라서 대마초를 많이 먹어 죽을 확률은 과음으로 죽는 것만큼 쉽지 않다.

각종 약물의 반수치사량

종류	반수치사량(mg/kg)	종류	반수치사량(mg/kg)
에탄올	7,000	카페인	192
THC	1,270	MDMA	160
CBD	980	필로폰	57
이부프로펜	636	니코틴	50
아스피린	200	헤로인	22

쥐에 대한 경구 LD50이지만 헤로인은 IV, 필로폰은 복강내 주사 결과임.

마약류의 폐해 정도는 환각작용, 진통작용 등의 향정신성 작용과 함께 사용을 중단하면 격렬한 금단증세를 일으켜 다시 사용하지 않고는 견딜 수 없는 습관성, 탐닉성이 중요한 판단 기준이다.

Gable, R. S.(2006)는 향정신성 약물의 위험성 판단기준으로 의존성과 '유효복용량(active dose)/치사량(lethal dose)' 두 가지를 제시하였다. 당연한 말이겠지만 의존성이 낮을수록, 치사량이 대비 유효복용량의 비가 작을수록 안전한 약물이 된다. 짐작한 대로 헤로인, 모르핀, 코카인은 굉장히 위험한 약물에 속하고 담배에 포함된 니코틴은 의존성이 상당히 높고 술은 생각보다 '유효복용량/치사량'의 비가 크다. 도표에서 대마초의 치사량은 Gable이 사용한 수치, '15g 이상'의

최저치 15g을 그대로 사용했다. 앞에서 언급했듯이 대마초의 주성분인 THC, CBD의 반수치사량이 약 1g/kg 내외이기 때문에 대마초 치사량은 15g보다는 훨씬 크다.

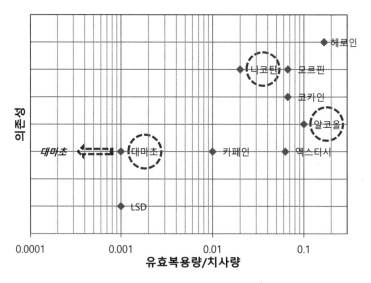

마약류의 의존성, 유효복용량/치사량

Blakemore, C. (2007) 등은 마약류를 육체적 폐해, 사회적 폐해, 의존성 세 가지 기준으로 분류했다. 의존성이 강한 약물은 헤로인, 코카인, 담배, 술, 대마초 순이고 육체적 폐해는 헤로인, 코카인, 술, 담배, 대마초 순이며 사회적 폐해는 헤로인, 술, 코카인, 대마초, 담배 순이라고 했다.

술은 그래도 끊을 수 있지만 금연이 작심삼일인 이유는 니코틴의 강력한 의존성 때문이다. 니코틴보다 의존성이 강한 헤로인에 중독되면 마약을 구하기 위해 수단 방법을 가리지 않다 결국 잔혹한 범죄자로 전락하는지 이제 이해가 된다. 그런데 대마초는 술이나 담배만큼 의존성이 강하지 않을 뿐 아니라 '유효복용량/치사량'비나 육체적 폐해가 담배나 술보다 낮고 사회적 폐해는 술보다 낮다. 사회적 폐해는 어떤 인자를 고려하고 가중치를 어떻게 하는가에 따라 조금 다른 결과가 나올 수 있다. 예를 들면 담배는 간접흡연을 제외하면 다른 사람들에게 미치는 영향이 크지 않지만 지속적인 흡연은 폐암 등의 질병을 유발하므로 사회적 비용을 증가시킨다.

천연 물질인 대마, 양귀비꽃, 코카잎뿐 아니라 코카인, 헤로인, 필로폰 등이 별 제한 없이 사용되던 시기가 있었다. 아이들 감기약에 헤로인이 쓰이거나 음료에 코카인을 넣고 조종사의 잠을 재우지 않기 위해 필로폰이 사용되었다. 하지만 마약류의 부작용과 중독성이 발견되면서 헤로인, 코카인은 1910년대, 대마초도 1930년대, 필로폰은 1950년대 이후부터 규제되기 시작했다. 최근 우유주사, 프로포폴도 약물 의존성과 그 부작용을 최소화하기 위해 규제가 강화되었다.

합성섬유가 발명되던 당시, 천연섬유인 대마의 생산을 제한하고 대마에 익숙한 흑인과 멕시코인에 대한 인종 차별에서 대마 규제가 시작되었다는 음모론이 있다. 음모론을 떠나 대마초가 술보다 의존성이 약하고, 다른 사람에게 주는 피해가 술이나 담배만큼 크지 않다면 법으로 금지하는 것만이 최선일까? 육체적, 정신적, 사회적 폐해가 크지 않다면 음지에서 공개된 양지로 대마를 끌어낼 필요가 있다. 법률은 사회적인 합의에 의한 규범이므로 과학적 데이터가 반드시 사회적 합의를 이끌어내지 못하며 사회적 합의는 문화, 관습, 의식의 변화가 뒤따라야만 구체화될 수 있다. 술, 담배가 그러하듯 대마초도 여러 가지 부작용이 있기 때문에 계속 법으로 규제해야 한다는 의견도 여전히 설득력이 있다. 글을 쓰고 있는 동안 대마초를 피우고 7중 추돌 사고를 낸 피의자가 구속되었다고 한다. 음주 운전 사고가 용납될 수 없듯 대마가 합법화된다고 하더라도 환각 상태에서 운전은 금지되어야 한다. 다만, 대마초 합법화 주장을 매카시즘이 공산주의자 바라보듯 터부시하는 것은 바람직하지 않다고 생각한다. 객관적인 데이터를 근거로 충분히 토론하고 다시 한번 합리적 사회적 합의가 이루어졌으면 좋겠다.

14

우리 자손들도 지구라는 행성에서 무사히 살 수 있을까?

21세기 말 지구의 평균온도는 3~5℃ 더 오를 수 있다

　현재 인류는 약 1만 2천 년 전부터 시작된 비교적 온화한 간빙기에 살고 있다. 지구는 10만 년 주기로 빙기와 간빙기를 반복하고 있고 지금은 간빙기지만 남극 빙하, 그린란드 빙하, 만년설 등 지구 육지의 약 10%는 여전히 빙하로 덮여 있다. 밀란코비치(M. Minlancovici)에 의하면 지구가 빙기와 간빙기를 반복하는 것은 지구 공전 궤도, 자전축, 세차운동 때문이다. 특히 10만 년 주기로 지구의 공전궤도가 원 모양에서 타원 모양으로 바뀌면 지구에 도달하는 태양 에너지의 양이 변해 빙기와 간빙기를 반복한다고 한다. 화석으로 추정한 인류의 기원은 약 350만 년 전이고 인류 이전 약 1억 8천만 년 동안 지구의 맹주였던 공룡은 약 6,500 만 년 전 중생대 백악기 말 소행성이 지구와 충돌한 뒤 급격한 날씨 변화로 소멸되었다고 한다. 그렇다고 지구 공전 궤도를 바꿀 수도 없고 영화 〈아마겟돈〉처럼 소행성에 핵탄두를 설치하는 것은 더더욱 불가능할 것 같다. 지구에 사는 모든 동식물에게 대자연의 법칙은 어쩔할 도리가 없는 순응의 대상이다. 한치 앞도 못 내다보고 하루하루 살아가면서 10만 년, 350만 년과 6,500만 년 전 기후 이야기가 무슨 의미가 있겠는가. 그러나 지난 100년간 화석연료에 기반한 인류 문명이 지구를 위협하고 있고 지금의 문명 기조가 계속되는 한 후손들의 생존도 장담할 수 없다면 지금 당장 무엇을 어떻게 해야 할지 고민하지 않을 수 없다.

지구의 평균 온도는 지구 공전 궤도, 자전 축, 세차운동, 소행성 충돌, 태양 활동, 화산 폭발 등 여러 가지 요소에 의해 변화해 왔다. 빙하기, 지구의 평균온도는 지금보다 4~7℃ 낮았고 육지의 1/3가량이 빙하로 뒤덮여 있었다. 간빙기가 시작된 이후에도 지구의 평균 온도는 태양 활동과 화산 활동의 영향을 받아 조금씩 변화해 왔다. 멀리 갈 것도 없이 고려시대인 950~1250년은 온도가 높았던 중세 온난 시기(Medieval Warm Period)라고 하고 조선시대인 1400~1800년은 온도가 낮았던 근세 소빙기라고 부른다. 중세 온난 시기와 근세 소빙기의 평균 온도 차이는 1℃ 정도였지만 중세 온난 시기 유럽의 포도재배 북방 한계선은 수백㎞ 북쪽으로 이동했다. 또한 바이킹의 정착지가 캐나다 뉴펀들랜드까지 확대되었고 농산물이 풍부해져 유럽 인구가

50%나 증가했을 정도로 생활에 미치는 영향은 생각보다 대단했다.

　지구의 평균 온도가 변화하고 있다고 하지만 낮과 밤의 일교차가 크지 않고 수천 년 동안 14~15℃로 유지되고 있는 것은 지구가 대기로 둘러 싸여 있기 때문이다. 지표면에 도달한 태양 에너지는 적외선(열선) 형태로 다시 방출되는데 대기 중 온난화 물질이 적외선 일부를 흡수한 다음 다시 방출하는 과정을 통해 지구의 온도는 온화하게 유지되고 있다. 태양 에너지로부터 계산된 지구의 복사 평형 온도는 -18℃이지만 대기의 에너지 재순환 사이클에 의해 지구의 평균 온도는 약 15℃를 유지하고 있다. 대기가 없는 달의 온도는 낮에는 130℃까지 올라가고 밤에는 -170℃까지 내려간다. 에너지 재순환 사이클이 없어 온탕과 냉탕을 반복하고 있다. 반면, 대기가 이산화탄소인 금성의 평균 온도는 420℃나 된다.

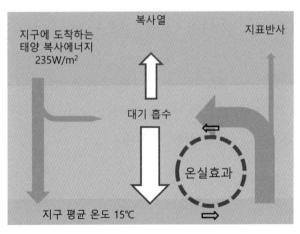

지구의 온실 효과

최근 100년간 지구의 평균 온도는 계속 상승하고 있다. 지난 100년 간 약 1℃ 상승해서 연평균 기온은 15℃가 되었고 1℃ 더 상승하면 인류는 기후 재앙을 맞이하게 된다고 한다. 과거에도 지구의 기온은 계속 변해 왔기 때문에 '산업화 이후 지구의 온도 변화는 온난화 물질의 영향이 아니다'라고 주장하는 사람도 있지만 대부분의 과학자들은 과거의 온도 변화와 지금의 온도 상승은 전혀 다르며 지금의 변화가 계속된다면 전례 없는 파국을 가져다줄 거라고 주장한다.

　지구 기온에 대한 신뢰할 만한 직접 기록은 1880년 이후부터 수집되었다. 그래서 1880년 이전의 온도는 나무 나이테, 바다 퇴적물 및 빙하에 남은 간접 기록에 바탕을 두고 있다. 바다 퇴적물 속 플랑크톤은 1억 년 전, 남극의 빙하는 80만 년 전, 그린란드 빙하는 10만 년 전, 산악 빙하는 1만 년 전의 기후 정보를 담고 있다. 해저 퇴적물 속에 포함된 플랑크톤 껍데기의 탄산칼슘($CaCO_3$)과 빙하(물, H_2O) 속의 산소 동위원소를 분석하면 당시 바닷물 온도나 대기 온도를 추정할 수 있다. 대기 중 산소는 대부분 중성자 8개, 양성자 8개로 구성된 질량수 16인 ^{16}O으로 존재하지만 약 0.204%만큼은 중성자가 2개 더 많은 ^{18}O으로 존재한다. 대기 중 산소의 동이원소 구성비는 물 분자나 탄산칼슘에 있는 산소에도 그대로 적용된다.

　$H_2{}^{16}O$인 물은 모든 기온에서 잘 증발되지만 $H_2{}^{18}O$인 물은 온도가 높을수록 잘 증발된다. 그래서 특정 빙하 기둥에서 ^{18}O의 비율이 높

다면 당시의 기온이 높았다는 것을 의미한다. 기온이 내려가면 빙하 부피는 증가하고 바닷물 수위는 낮아진다. 바닷물 수위가 내려가는 동안 $H_2^{16}O$가 상대적으로 더 증발했기 때문에 바닷물 속의 $H_2^{18}O$ 농도는 증가하고 플랑크톤 껍데기에서 ^{18}O의 비율도 높아진다. 산소 동위원소 이외에도 세계 최고령인 4,600년 된 소나무와 1만 년 된 그루터기의 나이테, 화석과 퇴적물의 꽃가루 종류, 산호초 분석을 통해 그 지역의 기후를 추정할 수 있다. 한가지 명심해야 할 것은 남극빙하, 바닷속 퇴적물, 나무의 나이테, 화석의 꽃가루, 산호초를 통해 알아낸 기온은 그 지역의 기온이며 지구의 평균 온도를 추정하기 위해서는 여러 데이터를 다시 한번 비교하는 과정을 거쳐야 한다.

과거의 지구 기온은 지구 온난화 물질인 이산화탄소와 어떤 관계가 있을까? 남극 빙하에 포집된 공기와 빙하의 산소 동위원소 분석을 통해 밝혀진 이산화탄소 농도와 남극 기온 변화는 거의 일치한다. 그런데 미세하게나마 온도가 먼저 변하고 난 뒤 이산화탄소 농도가 바뀐다. 이는 온난화 회의론자들이 지구 온난화를 부정하는 중요 근거가 되기도 한다. 온난화 이론과는 반대로 온도가 상승한 다음 이산화탄소가 증가했기 때문이다.

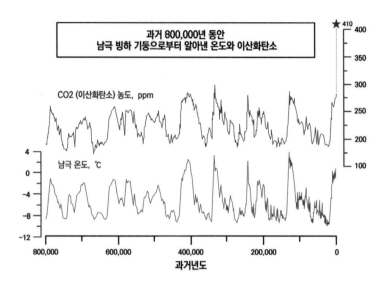

80만 년 동안 지구의 이산화탄소 농도는 180~280ppm내에서 변화해 왔다. 10만 년 주기로 나타나는 빙기와 간빙기의 원인은 이산화탄소가 아닌 지구의 공전 궤도의 변화라는 것은 전술한 바와 같다. 화산 폭발, 식물들의 폭발적인 성장이 없다면 이산화탄소는 바닷물과 대기를 오가는 평형상태에 있고 기온과 이산화탄소 농도는 원인이자 결과이기 때문에 다음과 같은 설명이 가능하다.

지구 공전 궤도 변화 → 태양 에너지 복사량 증가 → 바닷물 온도 상승 → 이산화탄소 용해도 감소 → 대기 중 이산화탄소 농도 증가 → 지구 기온 상승그러나 안타깝게도 지난 100년간 온도 변화는 공전 궤도나 지구에 유입되는 태양 에너지 변화와 연관성을 찾을 수 없다. 첫째, 지구의 공전궤도 변화 주기 10만 년, 자전축의 기울기 변화 주기 41,000년, 세차운동 주기 21,700년은 100년과 비교하면 매우 긴 시간이다. 세차운동으로 인해 100년 동안 1℃ 변했다면 한 주기 동안 온도는 217℃ 변하는 셈이 된다. 따라서 최근 온도 상승은 지구 공전 궤도나 자전축의 변화와 무관하다. 둘째, 1960년부터 태양 활동은 감소했기 때문에 지구에 오는 태양 에너지는 오히려 줄어들고 있다. 오직 한가지 이산화탄소 농도만 1880년대 280ppm, 1950년대 310ppm을 기록한 이후 급격하게 증가해 2020년 414ppm까지 상승하였다. 지난 80만 년 동안 180~280ppm으로 유지되던 이산화탄소 농도는 최근 140년 동안 134ppm이나 증가해 기존의 경향성을 완전히 벗어나고 있다.

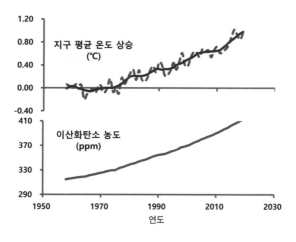

이산화탄소 농도와 지구의 평균 온도 상승

온실가스의 온난화 지수

종류	대기 농도(ppm)	온난화 지수
이산화탄소	410	1
메탄	1.86	28
N_2O	0.33	265
불화수소류	-	수천~수만

　지구 온난화 물질은 수증기(구름 포함), 이산화탄소, 메탄, N_2O, 불화수소류이며 수증기는 농도도 높고 영향도 크지만 온도 변화의 결과물이며 인간 활동이 수증기에 영향을 미치지 않으므로 고려 대상에서 제외된다. 반면 이산화탄소는 산업혁명 이후 석탄, 석유, 천연가스와 같은 화석연료의 사용과 이산화탄소를 흡수할 수 있는 숲의 개간으로 280ppm에서 414ppm으로 증가했다. 더불어 석유, 천연가스 채취 및 수송 과정, 가축 사육, 논(습지), 쓰레기 더미에서 발생하는 메탄도 산업혁명 이전 0.7ppm에서 1.8ppm으로 2.5배 증가했다. 미국 EPA가 발표한 온난화 지수를 고려한 2018년 미국의 온난화 기여도는 이산화탄소가 81%, 메탄이 10%를 차지하고 있다.

2018년 미국에 배출된
온실가스의 온난화 기여도

　미국 국립해양대기청(NOAA)은 2020년 여름, 북반구의 온도가 141

년 만에 가장 높았다고 발표했다. 이는 20세기 평균보다 1.17℃ 높은 것으로, 이전 공동 1위였던 2019년과 2016년보다 0.04℃ 높아 종전의 기록을 갈아치운 것이다. 그리고 지금까지 가장 더웠던 다섯 해가 모두 2015년 이후이다. 제주 근해에서 아열대 물고기기 잡히고 여름철 최고 온도는 심심치 않게 40℃에 육박하고 있으며 남해와 서해 바닷물에서 '물 반, 해파리 반' 현상이 관찰되고 있다.

이제 엘니뇨 현상, 5등급 허리케인, 남극 및 북극 빙하 감소는 지구 온난화만큼 익숙한 단어가 되었다. 2009~2017년 동안 매년 손실되는 남극 얼음의 양은 1979년도의 6배가 넘고 1981년 이후 북극의 빙하는 10년에 13%씩 감소하고 있다. 유엔환경계획(UNEP)에 따르면 2018년 G20의 온실가스 배출량은 553억 톤으로 매년 1.5%씩 증가하고 있다. 세계 2위 온실가스 배출 국가인 미국은 파리 기후 협약 탈퇴를 선언했고 (다행히 2021년 1월 취임한 바이든 대통령은 트럼프의 행정명령을 무효화하고 파리 기후 협약 재가입을 천명했다.) 세계 7위 배출 국가인 우리나라도 온실 가스 감축 목표를 달성하지 못했다.

지구 온도가 20년 내에 0.5℃ 상승하는 것은 기정 사실이 되어가고 있다. 지구 평균 기온이 현재보다 0.5℃ 상승하면 우리나라와 같은 중위도 폭염일의 온도는 3℃ 상승하고 산호의 70~90%는 소멸한다. 현재보다 1℃ 상승하면 폭염일의 온도는 4℃ 상승하고 산호의 99%가 소멸한다고 한다. 또한 곤충, 식물, 척추동물의 서식지의 절반 이상 파괴될 확률이 각각 18%, 16%, 8%가 되고 북극 해빙이 완전 소멸되는 빈도가 10년에 한번 꼴로 나타나 복원이 불가능해진다. 뿐만 아니라 가뭄, 홍수, 태풍이 심해지고 사막화가 늘어나 농업 생산량은 급격히 줄어든다. 다시 말하면 우리나라 폭염일의 온도는 43~44℃가 되고 산호는 없어지고 태풍, 홍수, 가뭄 등 이상 기후는 지금보다 훨씬 심해진다. UN기후 협약에서 맺은 온실가스 감축목표를 달성한다 하더라도 2100년에 지구 온도는 현재보다 2℃ 상승하고 현재와 같은 추세가 계속 이어지면 3~5℃ 상승할 거라고 한다. 지금보다 1℃ 상승하면 파국이라고 했기 때문에 3~5℃ 상승한 결과는 상상하고 싶지도 않다.

과학자들이 가장 두려워하는 것은 지구 온도가 복원력을 잃어버리는 임계점을 지나쳐 버리는 일이다. 임계점을 통과해 버리는 순간, 온난화 물질을 줄여 나간다 하더라도 지구의 온도는 계속 상승하게 된다. 마치 탄소, 수소 및 산소로 이루어진 종이가 열을 가해도 좀처럼 변하지 않다가 어느 순간 불이 붙어 이산화탄소와 물이 되어 버리는 것처럼⋯. 다행히 바다와 나무가 배출되는 온실가스의 절반을 흡수하여 기온 상승을 늦추고 있다. 하지만 빙하가 녹아 지표면이 드러나 태양 에너지 흡수량이 증가하여 결국 영구 동토층에 저장된 메탄가스마저 방출되면 다시는 되돌아갈 수 없는 강을 건너 버린다. UNEP가 2020년부터 2030년까지 매년 3%씩 온실가스 배출량을 줄여 나가면 온도 상승을 1℃ 이내로 제한할 수 있으며 7.6%씩 줄여 나간다면 0.5℃ 이하로 낮출 수 있다고 한다. 비관적인 이야기처럼 들리겠지만 현재 추세를 보면 온실가스 배출량은 줄어 들 것 같지 않다. 임계점을 넘기 전, 불편하겠지만 석유와 석탄에 의지하는 현대 문명의 기조를 바꿀 수 있기를 간절히 바랄 뿐이다.

원자력 발전, 태양광 발전 어느 것이 더 좋을까?

저자: 김종윤 박사

전기는 현대를 살아가는 우리들에게 물과 같은 존재다. 국제에너지기구(International Energy Agency) 따르면 2017년 전 세계 전기 소비량은 1990년 대비 약 2배 증가하여 23,696TWh이 되었고, 1인당 3.2MWh의 전기를 소비하고 있다. 인류는 오랫동안 나무, 석탄, 석유에서 전기에 이르기까지 다양한 에너지원을 탐색해 왔다. 전기는 인간이 찾은 에너지 중 가장 편리해서 많은 1차 에너지가 전기 에너지로 전환되어 사용되고 있다. 현대 문명이 화석연료에 기반한 문화라지만 최근에는 자동차마저 전기자동차로 바뀌고 있어 현대문명을 전기 문명이라고 불러도 무방할 듯하다. 따라서 환경오염을 최소화하며 안전하고 효율적인 전기 생산 체계를 갖추는 것은 인류 번영에 필수 불가결한 요소가 되었다. 우리나라를 비롯한 여러 나라에서 전기 생산의 한 축을 담당하던 원자력 발전은 후쿠시마 원전 사고 이후 유지, 축소, 확대의 갈림길에 서 있다. 우리 정부도 탈원전과 친태양광 정책을 추진하고 있지만 정부 정책에 찬성하는 측과 반대하는 측이 팽팽히 맞서 서로의 주장을 굽히지 않고 있다. 최근까지 이슈가 지속되고 있는 탈원전과 친태양광 정책에 대해 다 함께 고민해 보고자 한다.

어느 쪽이 더 효율적인가? 거의 모든 1차 에너지는 전기 에너지로 변환될 수 있다. 1차 에너지원에 따라 화력 발전, 원자력 발전, 수력 발전, 태양광 발전, 풍력 발전, 조력 발전 등 다양한 이름으로 불리우지만 모두 전기를 생산하기 위한 발전이란 점은 동일하다. 전통적으로 전기는 석탄, 석유 등 화석연료를 태워 발생된 증기로 터빈을 돌려 생산된다. 원자력 발전은 화석연료 대신 핵연료를 사용한다는 점을 제외하면 화력 발전의 원리와 거의 비슷하다. 핵연료 내의 핵물질이 분열하여 발생되는 에너지는 그 유명한 아인슈타인의 식 $E=mc^2$를 따른다. 다음은 우라늄 원자가 일으키는 핵분열 반응 가운데 우라늄이 바륨과 크립톤으로 쪼개지면서 에너지가 방출되는 예이다.

$$^{235}_{92}U \ + \ ^{1}_{0}n \ \rightarrow \ ^{142}_{56}Ba \ + \ ^{92}_{36}Kr \ + \ 2\,^{1}_{0}n$$

핵분열 과정에서 핵물질의 질량 감소는 우라늄 1g당 약 $0.3×10^{-27}$g 에 불과하지만 73GJ의 엄청난 에너지를 방출한다. 우라늄 1g이 생산 하는 에너지는 메탄 1g의 생산 에너지, 약 55kJ의 130만배나 된다.

에너지원에 따른 전력생산 특성

종류	석탄	석유	천연가스	원자력
에너지 전환 효율(%)	32.5	30.8	43.6	32.6
에너지 함량(MJ/kg)	25	45	55	3,900,000
가구당 필요 연료량(kg/년)	1,864	1,093	630	0.012

불행히도 1차 에너지를 전기 에너지로 변환할 때 상당한 양은 열 에 너지로 소실되기 때문에 전환 효율은 수십%를 넘지 못한다. 미국 EIA (Energy Information Administration)에 따르면 화석연료나 원자력 등 터빈을 이용하는 전기의 생산 효율은 30~44% 정도이고, 천연가스가 44%로 가장 높다. 국내 도시 거주 가구의 연간 전기 사용량, 4.2MWh을 생산하기 위해 필요한 석탄은 1.8톤이지만, 우라늄 핵연료는 12g에 불과하다. 친환경 에너지로 주목받는 태양광 발전은 터빈을 사용하 지 않고 빛 에너지를 바로 전기 에너지로 변환한다. 부존 자원을 걱정 할 필요도 없이 패널만 널어놓으면 전기가 생성되니 언뜻 매력적으 로 보인다. 하지만 실리콘에 기반한 태양전지의 효율도 이론적으로 30%가 한계이며 오랜 노력에도 불구하고 실제 효율은 20%에 머물러 있다. 전력 변환 효율이 낮은 만큼 설치해야 할 태양전지 패널은 늘어 날 수밖에 없다.

우리나라는 국토가 작고, 산간지역이 많기 때문에 발전소의 부지 면적도 발전 방식을 결정하는 중요 변수이다. 국회예산정책처에 따르면 2017년 기준, 1GW 발전에 필요한 부지면적은 원자력은 0.75km^2, 태양광은 15km^2, 풍력의 경우 0.33km^2에서 2.4km^2까지 편차가 크며 석탄화력은 0.82km^2이며 수력은 780km^2이다. 태양광 발전에 필요한 부지 면적은 원자력 발전의 20배나 된다. 정부는 2017년 '재생 에너지 3020 이행계획'을 발표하였고, 2030년까지 30.8GW의 태양광 발전을 추진하겠다고 하였다. 이에 따른 부지 면적은 서울시의 면적 605km^2의 3/4에 해당하는 450km^2에 이른다. 정부의 태양광 발전 정책을 실현하기 위해서는 묘안이 필요해 보인다.

어느 쪽이 더 깨끗하고 안전한가? 화석연료를 사용하는 화력 발전소는 미세먼지와 다량의 이산화탄소를 배출하기 때문에 대표적인 공해 시설이다. 반면, 원자력 발전은 지구 온난화 물질인 전 주기 탄소 배출량이 가장 적은 발전 방식이다. 〈World Nuclear Association〉보고서에 따르면, 원자력 발전과 풍력 발전의 이산화탄소 배출량이 가장 적고, 태양광 발전은 원자력 발전의 세 배나 배출한다고 한다.

발전원별 전력생산 단위당 전 주기 평균 탄소 배출량(g/kWh)

풍력	원자력	태양광	천연가스	석유	석탄
26	29	85	499	733	888

우리나라의 이산화탄소 배출량은 석탄, 석유, 천연가스 등 대부분 화석연료에서 비롯된다. 석유에 의한 이산화탄소 배출량은 1997년 이후 계속 감소하고 있고, 2004년부터 석탄에 의한 배출량이 석유를 능가했다. 또한 천연가스 사용량이 늘어나면서 천연가스에 의한 이산화탄소 배출량은 꾸준히 증가하고 있다.

발전소에서 발생되는 미세먼지는 또 다른 골치거리이다. 알려진 것처럼 원자력, 태양광, 수력 발전은 미세먼지 발생에 거의 영향을 미치지 않지만 화력 발전은 낙스, 삭스, 검댕 등 미세먼지 원인 물질을 많이 배출한다. 천연가스 발전은 환경 친화적이라고 말하지만, 미세먼지의 주범, 석탄 발전과 비교된 상대적인 개념이다. 산업통상자원부에 따르면 천연가스 발전의 초미세먼지($PM_{2.5}$) 배출량은 석탄 발전의 1/8 수준이고, 대기오염물질(낙스, 삭스, 검댕) 배출량은 석탄 발전의 1/3 이하라고 한다. 석탄 발전보다 친환경적이지만 여전히 적지 않은 양의 오염물질을 배출한다. 2017년 발표된 정부의 8차 전력수급계획에 따르면, 천연가스 발전 비중을 2017년 22%에서 2030년까지 18.8%로 줄인다고 한다. 원자력 발전은 2030년까지 23.9%로 줄이는 대신 신재생 에너지는 5.6%에서 20%로 비약적으로 늘린다고 한다.

부지면적, 이산화탄소 배출량 및 미세먼지 기여도를 고려하면 원자력 발전이 전기 생산을 책임질 수 있을 것 같다. 하지만, 원전은 심각한 사고 발생 가능성이 있고, 방사성폐기물 처리 문제를 가지고 있다. 1986년 체르노빌과 2011년 후쿠시마 원전사고는 원전이 있는 국가, 없는 국가를 가리지 않고 인류에게 크나큰 충격을 안겨주었다. 특히 우리나라와 인접한 일본의 원전 사고는 보다 안전한 발전 방식을 채택해야 한다는 탈원전 정책의 출발점이 되었다. 그러나, 한가지 분명한 점은 체르노빌과 후쿠시마 원자로는 태생적으로 안전에 취약한 구조였고 한국 원자로는 두 원자로보다 훨씬 안전한 구조를 가지고 있다는 점이다.

1979년 미국 스리마일 원전 사고에서는 방사능이 거의 누출되지 않았다. 원자로를 보호하는 '격납용기'가 방사능 누출을 막았기 때문이다. 반면, 체르노빌 원전의 RBMK형은 원자로를 보호해야 할 '격납용기'가 아예 없는 데다 핵반응을 억제하는 제어봉이 아이러니컬하게도 폭발을 촉진시키는 등 기술적으로 문제가 많은 원자로였다. 후쿠시마 원자로는 핵반응에서 나온 열이 바로 물을 끓여 터빈을 돌리는 비등경수로형이다. 후쿠시마 원전은 체르노빌 원전보다는 안전하지만, 열교환기를 사용하는 우리나라 원자로인 가압경수로만큼 안전한 것은 아니다.

방사성 폐기물을 안전하게 처리해야 하는 것은 원전이 갖고 있는 또 하나의 과제이다. 원자력 전문가들은 우리나라의 원자력 발전의 현실을 '화장실 없는 아파트'라고 이야기한다. 오랜 시간 사회적 합의를 거쳐 '중저준위 방사성 폐기물 처분시설'은 간신히 건설되었다. 드

디어 화장실을 만든 것이다. 하지만, 소변만 볼 수 있는 화장실이다. '중저준위 방사성폐기물'은 뿜어져 나오는 방사선의 양이 상대적으로 적은 폐기물이다. 사용후핵연료 같은 '고준위 방사성 폐기물' 처분장은 일반 대중의 반대와 환경오염에 대한 우려 때문에 아직 부지조차 선정하지 못하고 있다. 국제원자력기구(IAEA)의 2018년 보고서에 따르면 사용후핵연료가 25만톤 정도 세계 도처에 저장되어 있다고 추정하였다. 방사성 폐기물을 효율적으로 처리하고 안전하게 보관하는 기술개발과 처분장 건설은 당장 해결해야 할 심각한 문제이다.

원전의 설계수명을 60년이라고 한다면 지금부터 탈원전을 실행하더라도 완공 시점이 2021년, 2022년인 신고리 5호기와 6호기는 2082년까지 운영될 수밖에 없다. 게다가 사용후핵연료가 무해한 수준에 도달하는 데는 10만 년이 걸리고 그때까지 철저히 관리되어야 한다. 따라서, 지금 당장 탈원전을 추진하더라도 향후 60년간 운영할 원전의 관리 기술, 수명을 다한 원자로의 폐로 기술, 방사성 폐기물 관리 기술들은 계속 개발되어야 한다.

어느 쪽이 현재 그리고 미래의 수요를 감당할 수 있겠는가? 국제에너지기구(IEA)에 따르면 2017년 태양광 발전에 의한 전기공급량은 444TWh, 원자력 발전은 2,636TWh, 석탄화력 발전은 9,863TWh 정도이다. 풍력 발전은 급속히 증가하였으나 1,127TWh에 불과하다. 전 세계, 연간 전기 소비량 23,696TWh를 충족하려면 얼마나 많은 태양

전지판을 설치해야만 할까? 이미 언급했지만 우리나라는 국토가 작고 산림지역이 대부분이며, 일조량이 많지 않아 미국, 호주, 캐나다 등 다른 나라에 비해 더 큰 난관이 예상된다.

원전 개수만 고려하면 우리나라는 미국, 프랑스, 일본, 러시아, 중국에 이어 세계 6위의 원전 국가이다. 우리나라의 총 발전량은 22,494MW이고, 그 중 원전은 2019년 기준, 27%를 차지하고 있다. 한국전력공사에 따르면 원전 비중은 2008년 36%에서 2011년 후쿠시마 원전 사고 이후 2014~2016년은 30%, 2017년에 27%, 2018년에는 약 23%로 꾸준히 감소하고 있다. 대신 석탄, 석유, 천연가스 등 화력 발전 비중은 2008년 63%에서 2018년 70%까지 상승하였다. 대체 에너지 비중은 2008년 0.3%에서 2018년 5%로 비약적으로 발전했지만 여전히 미약한 수준에 그치고 있다. 원전이 주요 발전 방법으로 자리매김할 때까지 상당한 시간이 걸렸듯 대체 에너지도 시간이 더 필요할 것으로 예상된다.

에너지믹스 그리고 미래. 다양한 발전 방식 중 한 가지만 고집하는 것은 불가능한 선택지를 놓고 고민하는 무모하고 어리석기 짝이 없는 태도이다. 인류는 아직 경제성, 안전성, 환경친화성, 주민수용성을 모두 만족시키는 에너지원을 찾지 못했다. 그래서 다양한 1차 에너지원을 활용한 '에너지믹스(energy mix)'라는 개념이 제안되었다. 폭발적으로 증가하는 에너지 수요를 감당하기 위해 자국의 실정에 맞는

다양한 에너지원을 적절히 활용하자는 현실적인 대응 전략이다.

원자력 에너지를 이용하는 방법에는 핵분열 외에 핵융합이 있다. 1
개의 원자가 쪼개지면 '핵분열'이지만, 두 개의 원자가 하나로 합쳐지
면 '핵융합'이 된다. 핵융합 반응은 방사성 폐기물을 거의 배출하지 않
기 때문에 원전을 대체할 미래 에너지원으로 기대를 모으고 있다. 핵
융합의 대표적인 예가 '태양'이며 핵융합 에너지는 핵분열 에너지보다
7배 이상 많다. 태양은 두 개의 수소원자가 합쳐져 한 개의 헬륨원자
가 생성되는 핵융합 반응기이다. 우리나라는 인공 핵융합을 구현하기
위한 KSTAR 사업을 추진하고 있고 7개국이 참여한 ITER(International
Thermo-nuclear Experimental Reactor) 사업에도 참여하고 있다. 핵
융합의 원료인 중수소와 삼중수소는 물을 전기 분해하여 분리하면
쉽게 얻을 수 있다. 2020년 11월 한국핵융합 에너지연구원은 1억℃
초고온 플라즈마를 20초 이상 유지하는 데 성공했다고 발표했다. 그
리고 2025년까지 300초 연속 운전을 달성하겠다고 한다. 만약 KSTAR
의 목표가 달성된다면 핵융합발전은 꿈이 아닌 현실이 될 수 있다. 물
론, 1억℃를 견딜 수 있는 재료, 플라즈마 안정성 등 상용화를 위한 난
제는 아직 많다.

원료의 에너지 밀도가 가장 높은 원자력 발전은 안전과 폐기물 문
제가 해결된다면 유망한 발전 수단이 될 수 있다. 원전을 자전거에 비
유하자면 체르노빌과 후쿠시마의 발전소는 어설픈 외발자전거였다.

후쿠시마 사고 이후 잇따르는 탈원전 정책은 외발자전거를 타다 심하게 다친 트라우마로 자전거 자체를 거부하는 것과 같다. 마땅한 대체 발전 수단이 없는 상태에서 탈원전 정책만으로 복잡한 에너지 문제를 해결할 수는 없다. 물론 원전의 안전성과 핵폐기물 문제는 반드시 해결해야 할 숙제지만 당분간은 대체 에너지와 원전을 병행할 수밖에 없는 것이 현실이다. 향후, 다양한 에너지원 중 우리나라의 현실에 적합한 최적의 에너지원을 취사선택할 수 있을 때까지 최선을 다해 가능성이 있는 기술들을 개발하기 위해 노력을 기울인 후, 현명한 최종 의사 결정을 하는 것이 타당해 보인다.

알고 나면 심각해지는

생활속의 과학

ⓒ 정진배, 2021

초판 1쇄 발행 2021년 3월 22일

지은이	정진배
펴낸이	이기봉
편집	좋은땅 편집팀
펴낸곳	도서출판 좋은땅
주소	서울 마포구 성지길 25 보광빌딩 2층
전화	02)374-8616~7
팩스	02)374-8614
이메일	gworldbook@naver.com
홈페이지	www.g-world.co.kr

ISBN 979-11-6649-434-5 (03590)